总顾问　戴琼海
总主编　陈俊龙

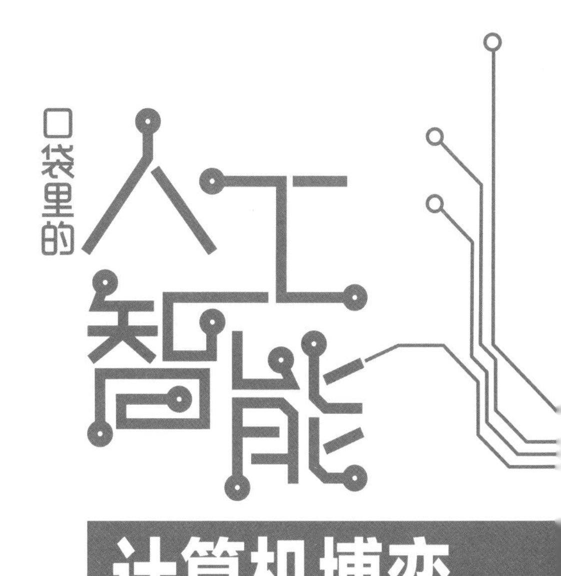

计算机博弈

张小川 ◎ 主编

SPM 南方传媒
广东科技出版社
全国优秀出版社
·广州·

图书在版编目（CIP）数据

计算机博弈 / 张小川主编. —广州：广东科技出版社，2023.12
（口袋里的人工智能）
ISBN 978-7-5359-8184-4

Ⅰ. ①计… Ⅱ. ①张… Ⅲ. ①人工智能 Ⅳ. ①TP18

中国国家版本馆CIP数据核字（2023）第201757号

计算机博弈
Jisuanji Boyi

出 版 人：严奉强
选题策划：严奉强 谢志远 刘 耕
项目统筹：刘晋君
责任编辑：彭逸伦 刘 耕
封面设计：飛鳥魚設計 FLYING BIRD & FISH DESIGN
插 图：徐晓琪
责任校对：陈 静
责任印制：彭海波
出版发行：广东科技出版社
（广州市环市东路水荫路11号 邮政编码：510075）
销售热线：020-37607413
https://www.gdstp.com.cn
E-mail：gdkjbw@nfcb.com.cn
经 销：广东新华发行集团股份有限公司
排 版：创溢文化
印 刷：广州市岭美文化科技有限公司
（广州市荔湾区花地大道南海南工商贸易区A幢 邮编：510385）
规 格：889 mm × 1 194 mm 1/32 印张5.25 字数100千
版 次：2023年12月第1版
2023年12月第1次印刷
定 价：36.80元

本丛书承

广州市科学技术局
广州市科技进步基金会

联合资助

“口袋里的人工智能”丛书编委会

《计算机博弈》

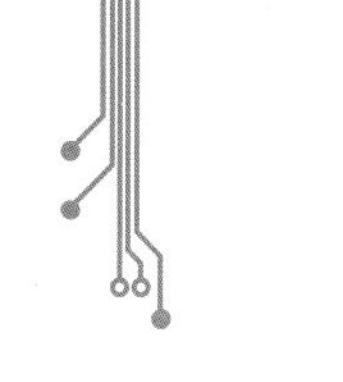

序 言

技术日新月异，人类生活方式正在快速转变，这一切给人类历史带来了一系列不可思议的奇点。我们曾经熟悉的一切，都开始变得陌生。

——［美］约翰·冯·诺依曼

“科技辉煌，若出其中。智能灿烂，若出其里。”无论是与世界顶尖围棋高手对弈的AlphaGo，还是发展得如火如荼的无人驾驶汽车，甚至是融入日常生活的智能家居，这些都标志着智能化时代的到来。在大数据、云计算、边缘计算及移动互联网等技术的加持下，人工智能技术凭借其广泛的应用场景，不断改变着人们的工作和生活方式。人工智能不仅是引领未来发展的战略性技术，更是推动新一轮科技发展和产业变革的动力。

人工智能具有溢出带动性很强的“头雁效应”，赋能百业发展，在世界科技领域具有重要的战略性地位。《中华人民共和国国民经济和社会发展第十四个五年规划和2035年远景目标纲要》提出，要推动人工智能同各产业深度融合。得益于在移动互联网、大数据、云计算等领域的技术积累，我国人工智能领域的发展已经走过技术理论积累和工具平台构建的发力储备期，目前已然进入产业赋能阶段，在机器视觉及自然语言处理领域达到世界先进水平，在智能驾驶及生物化学交叉领域产生了良好的效益。为落实《新一代人工智能发展规划》，2022年7月，科技部等六部门联合印发了《关于加快场景创新以人工智能高水平应用促进经济高质量发展的指导意见》，提出围绕高端高效智能经济培育、安全便捷智能社会建设、高水平科研活动、国家重大活动和重大工程打造重大场景，场景创新将进一步推动人工智能赋能百业的提质增效，也将给人民生活带来更为深入、便捷的场景变换体验。面对人工智能的快速发展，做好人工智能的科普工作是每一位人工智能从业者的责任。契合国家对新时代科普工作的新要求，大力构建社会化科普发展格局，为大众普及人工智能知识势在必行。

在此背景之下，广东科技出版社牵头组织了“口袋里的人工智能”系列丛书的编撰出版工作，邀请华南理工大学计算机科学与工程学院院长、欧洲科学院院士、欧洲科学与艺术院院士陈俊龙教授担任总主编，以打造“让更多人认识人工智能的科普丛书”为目标，聚焦人工智能场景应用的诸多领域，不仅涵盖了机器视觉、自然语言处理、计算机博弈等内容，还关注了当下与人工智能结合紧密的智能驾驶、化学与生物、智慧城轨、医疗健康等领域的热点内容。丛书包含《千方百智》《智能驾驶》《机器视觉》《AI化学与生物》《自然语言处理》《AI与医疗健康》《智慧城轨》《计算机博弈》《AIGC 妙笔生花》9个分册，从科普的角度，通俗、简洁、全面地介绍人工智能的关键内容，准确把握行业痛点及发展趋势，分析行业融合人工智能的优势与挑战，不仅为大众了解人工智能知识提供便捷，也为相关行业的从业人员提供参考。同时，丛书可以提升当代青少年对科技的兴趣，引领更多青少年将来投身科研领域，勇敢面对充满未知与挑战的未来，拥抱变革、大胆创新，这些都体现了编写团队和广东科技出版社的社会责任、使命和担当。

这套丛书不仅展现了人工智能对社会发展和人民生活的正面作用，也对人工智能带来的伦理问题做出了探讨。技术的发展进步终究要以人为本，不应缺少面向人工智能社会应用的伦理考量，要设置必需的“安全阀”，以确保技术和应用的健康发展，智能社会的和谐幸福。

科技千帆过，智能万木春。人工智能的大幕已经徐徐展开，新的科技时代已经来临。正如前文约翰·冯·诺依曼的那句话，未来将不断地变化，让我们一起努力创造新的未来，一起期待新的明天。

戴琼海

（中国工程院院士）

2023年3月

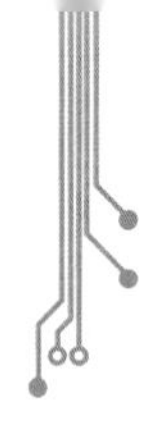

目 录

第一章

博弈：人类的永恒话题

一、无处不在的博弈

什么是博弈呢？无论是中文的“博弈”一词，还是英文单词“Game”，本意都是游戏，只是中文一般指下围棋，范围上比英文狭窄一些[1]。在社会经济得到比较充分的发展后，游戏成为人们常见的娱乐活动，同时更多其他对抗性场景也被纳入博弈的研究范畴，从而使得在对抗性活动过程中决策者参与了决策、产生了收益的，运用了理性思维的活动，都被归入博弈的范畴。因此，当下讨论的博弈，已经突破了游戏范畴。本书所讨论的博弈是指在一定规则约束下，各方为谋取自身最大利益而进行的对抗性活动。

此外，本书讨论的博弈预置了“参与者是理性决策者”的假设条件。因此，将博弈完整地归结为：博弈是在清楚的约束条件下，依据相应的博弈规则，理性决策者从被许可的行为或策略中作出选择，并从中获得相关利益的过程。整体来看，博弈是系统性对抗，其过程涉及多种因素，是一个复杂的决策工程。为达成本书的科普目标，本书将淡化博弈中智能系统特征，侧重于技术常识性阐述。

（一）体育博弈：斗技又斗智

有人的地方，就有博弈。小到两人的象棋、三人的扑克游戏——“斗地主”、四人的麻将、多人的德州扑克等，大到球队间的体育竞技、企业间的市场竞争、国家间的军事对抗等，都存在不同层面的博弈，由此可见，博弈既需要知识、方法、智能，也需要力量、勇气、意志。对于博弈活动，人们热衷看见以弱胜强、以小博大，在体育比赛中这种意愿表现得更为明显。

“体育”作为一个书面词语，直到19世纪70年代才在日文中出现。通常来讲，体育包含了锻炼、教育、竞技三方面内容，本书只讨论体育活动中与技能、智能相关的博弈对抗性内容。如掰手腕竞技活动，首先是参与者双方力量比拼，其次需要五指、拳眼、拳心位置与方向合理配合，最后还涉及合理应用力学原理，如手拐支点与躯干之间距离远近、角度大小所构成的杠杆问题，这就是体育智能的具体体现。又如乒乓球对抗，运动员首先要掌握乒乓球基本技术，包括对力量、方向、球的旋转、击球点、球落点的控制，再配合人体躯干、脚步、手臂、手腕的系统性调动。但是，要赢得比赛还需要应用策略、心理博弈等智能支撑。体育博弈的基础是健康的身体、良好的体能、优秀的技能、坚毅的品质，在高对抗、强对抗中，这些素质、技能是缺一不可的。体育竞技既有体力比拼，也有技能比拼，更有智能比拼。

体育是人类在解决生存问题后的一项重要社会性活动，也是一种复杂的社会文化现象。在体育比赛中，抛开观众的主队情结、爱国情结，观众渴望看到力量的对抗，同时也追求技能与智能的较量。体育博弈作为一种社会活动，正好符合人们对体力与智力、毅力与技能的崇尚。这是体育博弈无处不在的重要原因（图1-1）。

图1-1　无处不在的体育博弈

在体育活动中存在一类特别强调智力比拼的活动，那就是下棋、打牌、打麻将等棋牌类活动。棋牌作为一类特殊的对抗性体育博弈，不像拳击、足球、拔河等以拼体力为主，却更具有斗智、不斗力的显著特点。人们闲暇时，通常将下棋、打牌作为娱乐消遣活动，它对活动场地和活动空间要求不高，对参与者的年龄限制极小，老少皆宜。因此，借助棋牌类活动，人们得以不断训练自身的谋略能力，提高智力水平。

进入近代，人们开始研究智能的内在本质，揭示智能的关键机制。特别是进入20世纪，以“人工智能之父”艾伦·麦席森·图灵（Alan Mathison Turing）为代表的许多科学家，开启了人工智能探索之旅。图灵第一个提出在纯数学符号与实体世界之间建立联系，将现实世界抽象为数学符号，再利用数学运算规则，实现数字计算，这就是现代计算机的理论模型——图灵机。图灵还提出了“判断机器是否具有智能”的图灵测试，为了验证该测试方法的可行性，图灵构造了一台能下棋的下棋机，但是当时的技术条件还无法支撑完成图灵心中的计算设备——计算机，为此，图灵就模仿“心目中的计算机”走步，完成了世界上首个国际象棋程序，由于是在纸上演算的，后人将其称为“纸上下棋机”。后来有科学家、工程师按照图灵的这个设计思想，在MANIAC计算机上成功实现了国际象棋程序，从此开启了模仿人类智能的人工智能研究工作。这也是后人尊称图灵为“人工智能之父”“计算机之父”的重要缘由。图灵当初选择了在西方社会非常流行的国际象棋作为研究智能的载体，通过模拟人类在下棋过程中的思维、心计、行为等要素，在纸上“教会”计算机下棋，从而开启人类研究生物智能、模仿人类智能这一伟大行动，为后来者前赴后继的研究奠定基础。

实际上，自图灵发明了“纸上下棋机”之后，“教会”计算机下棋、打牌，以及举办各类人机大战、机机大战比赛等一些重要事件成为推动人工智能发展的强大动力（图1-2）。而以此为研究内容的计算机博弈，也发展成为人工智能的一个重要分支。

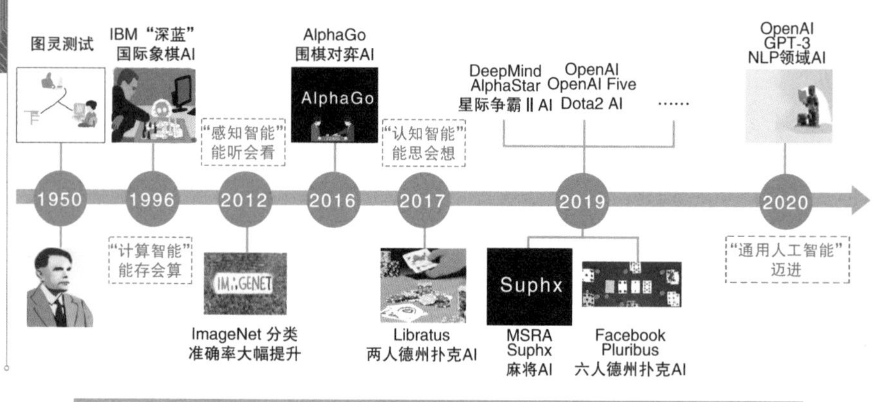

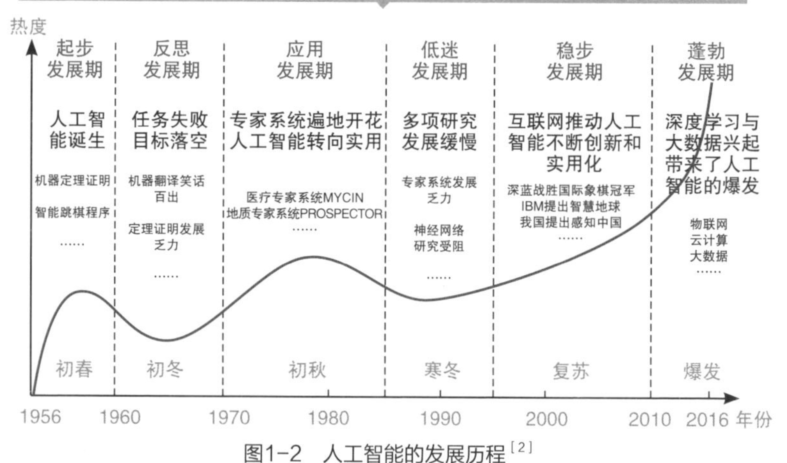

图1-2　人工智能的发展历程[2]

（二）军事博弈：兵法智能

本节以军事博弈为例，向读者呈现军事斗争中包含的博弈思想，以证明博弈与人类相伴而生的永恒性。实际上，从外交官面对面的争论、争执，到两国军队的擦枪走火、直接对抗，其中除国家实力、军队战斗力等因素外，还有军事博弈的斗智与斗法的影响。在我国历史长河中，春秋战国时期是一个极其特殊的时期，为完成统一中国的宏愿，秦国不仅“奋六世之余烈”，而且广纳天下英才、不断吸收先进思想、接纳先进文化，在实现统一六国后，实行“书同文”“车同轨”“度同制”“改币制”，这是大秦帝国利在千秋的万世之举，为中华文明生生不息、持续不断地发展作出重要贡献，也为中国版图奠定基本框架。

与此同时，春秋战国时期国家之间的频繁征战，给军事对抗、外交博弈带来激烈的碰撞，也为后人留下宝贵的军事博弈思想财富。这个时期，有公孙衍、苏秦提出“合众弱以攻一强”的“合纵”之策，也有张仪提出“事一强以攻众弱”的“连横”之略，从而构成了著名的合纵连横外交政策，不仅产生了范蠡、吕不韦等谋略家，还有孙武、吴起、孙膑等军事家，为后人留下著名的《孙子兵法》《吴子兵法》《孙膑兵法》，这些兵法是我国古代军事文化遗产中的璀璨瑰宝，也是关于人类军事博弈的最完整、最经典的兵书，体现了我国先贤们的大智慧、大谋略、大格局。

《孙子兵法》是兵书中军事博弈的代表作。它是孙武的私人日记，蕴含了将帅带兵打仗的深刻道理，被后人誉为“兵学圣典”，成为许多将领指挥战争的思想与方法源泉，也是当今世界上不少军事院校必读的兵书。《孙子兵法》有13篇、共6 000多字，字数虽少，但内容短小精练、逻辑缜密严谨。在约2 500年前，军事家孙武就能从道、天、地、将、法等多个方面来思考战争、谋划战争，提出要赢得战争，需要君王重道，令百姓信服，具备天时地利人和，将帅同心，并要有智慧谋略、制度完善、后勤保障等要素。这集中体现了国人自古以来所形成的系统化思考、全局性谋划、统一行动的智慧。实际上，这就是智能博弈的核心所在，不专于一时、一地、一事的计算，而需要更大视角的谋划，这些极具前瞻性的思想精髓，也在我国古代的另一部兵书《三十六计》中得到全面体现（图1-3）。

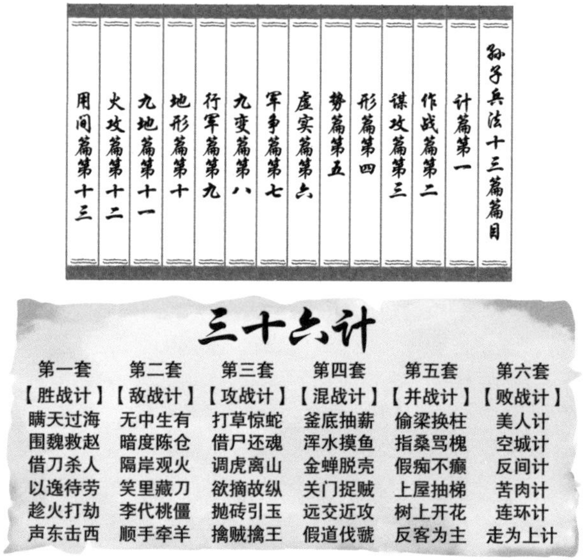

图1-3　我国军事博弈的两部经典兵书

如果说《孙子兵法》是描述带兵打仗的作战场景，对可能遇到的种种情况进行详细分析并提出相应策略、方法，那么，《三十六计》就不仅仅描述战争场景，其中诸如“无中生有”“打草惊蛇”“调虎离山”“空城计”“苦肉计”“浑水摸鱼”等计谋，它们被广泛应用于生活、生产、经营、管理等场景。《三十六计》的作者已无从考证，但它与《孙子兵法》都代表着我国古代先贤们卓越的谋略与智慧，成为当今博弈场景中经典思想的指导与行为准则，为解决博弈难题贡献了思路和方案。

比如，管理领域的SWOT分析法（即分析优势、劣势、机会、威胁4个因素），就强调必须先了解自己，了解客户和竞争对手，这就是《孙子兵法·谋攻篇》中“知己知彼、百战不殆；不知彼而知己，一胜一负；不知彼不知己，每战必殆”的具体应用。两部兵书都讲“计谋”“谋略”，但选择的场景、对象等有差异。《孙子兵法》的“计”更多是指战略层面“实力计算”中的比较、分析等，而《三十六计》的“计”则侧重于战争层面“奇谋、巧计”的筹谋与行为等。

综上可见，《孙子兵法》是大战略、大智慧，《三十六计》是巧计、巧智。具体来说，无论在生活、生产还是战争等场景中，人类为了生存与发展，就注定要与自然、与他人、与他国博弈，而博弈的本质就是在一定物质、资源的基础上斗计、斗谋和斗力。战争的特殊性与残酷性，决定了军事博弈的震撼性和强势性，从而凸显兵法智能的独特性和重要性。

（三）市场博弈：定价智能

企业存在的目的之一是盈利，而企业要实现盈利就必须通过市场来完成相关商品、服务的价值交换。市场中有许多企业，而不同企业往往能够提供相同或相似的商品或服务，也就是说市场上的商品、服务并不具有唯一性，此时，作为商品、服务各种属性中辨识度最高、顾客敏感度最高的价格，就直接决定了商品、服务实现价值交换的成功率，最终决定了企业的盈利水平，甚至是企业的存亡。由此可见，在市场博弈中，企业的定价策略是关乎企业存亡与发展的大事，也是市场博弈的重要内容，需要足够

的智能支撑。

虽然商品、服务的市场价格是以数字形式呈现的，但是在其定价过程中需要综合考虑企业产品和服务的成本及质量、竞争对手、利润、供求关系、品牌价值、政策等多种因素。因此，定价的背后就是企业市场竞争的系统性争斗，其过程是复杂的，具有显著的智能特征。

为帮助读者理解，在此以市场中商品或服务的各销售方收益总和值的正、零、负为划分依据，将企业的定价博弈行为划分为正和博弈、零和博弈、负和博弈3种类型，如图1-4所示。正和博弈是指市场中商品、服务的各销售方，通过合作、协商，实现在市场竞争中的“双赢”或“多赢”，各方收益总和是正数；零和博弈是指在市场竞争中，某方在其他各方损失的基础上实现收益，且各方的收益总和为零，这是“将成功建立在他人失败之上”的市场竞争，也被称为非合作博弈；负和博弈是指市场中各销售方没有或者极少有合作，恶性竞争，最终各方收益的总和为负数，因此，负和博弈是损人不利己的博弈。由此可见，理想的市场博弈是正和博弈、实现“双赢”。但是，市场容量是有限的，而且市场需求存在着许多不确定性，各市场竞争参与方的合作程度也难以确定，这就决定了企业的定价需要定价智能，即通过收集、监控、处理定价数据，开展市场调研，深入了解市场，确定定价策略，明确企业利润，制定商品、服务价格。显然，定价智能已成为一种企业形成长期竞争优势的企业行为，促使企业保持定价策略活力和提升企业竞争力。

降价销售是有智能的。企业为了达成自身经营目标，打开某

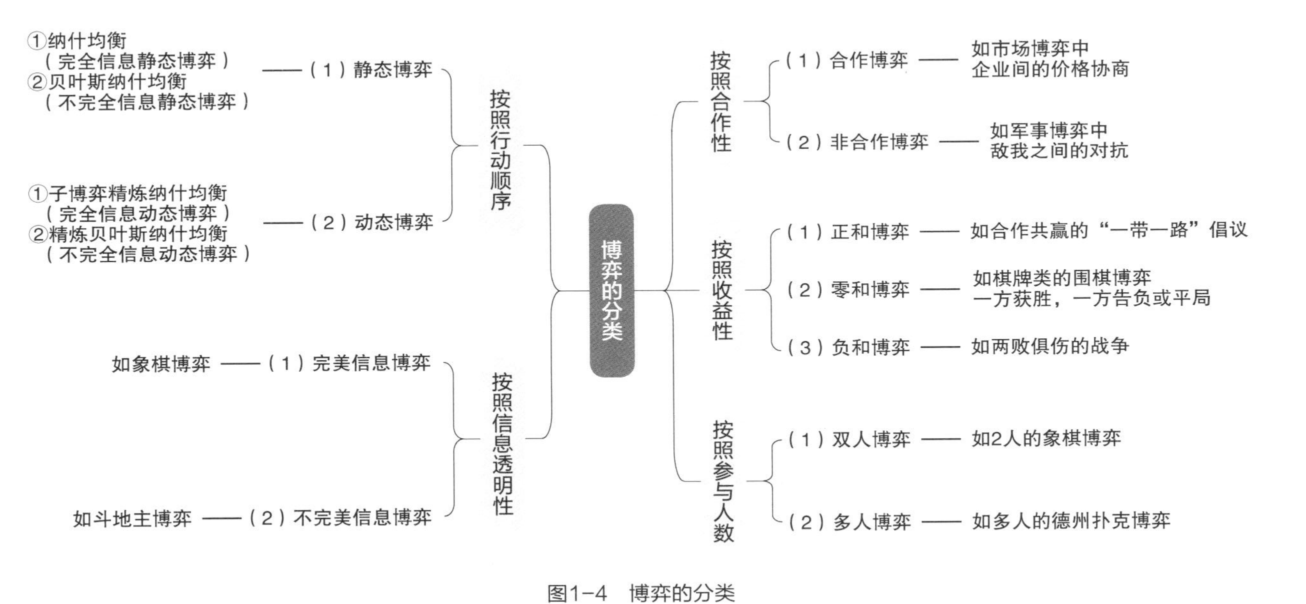
博弈的分类
按照合作性
（1）合作博弈 —— 如市场博弈中企业间的价格协商
（2）非合作博弈 —— 如军事博弈中敌我之间的对抗
按照收益性
（1）正和博弈 —— 如合作共赢的“一带一路”倡议
（2）零和博弈 —— 如棋牌类的围棋博弈一方获胜，一方告负或平局
（3）负和博弈 —— 如两败俱伤的战争
按照参与人数
（1）双人博弈 —— 如2人的象棋博弈
（2）多人博弈 —— 如多人的德州扑克博弈
按照行动顺序
（1）静态博弈 —— ①纳什均衡（完全信息静态博弈）②贝叶斯纳什均衡（不完全信息静态博弈）
（2）动态博弈 —— ①子博弈精炼纳什均衡（完全信息动态博弈）②精炼贝叶斯纳什均衡（不完全信息动态博弈）
按照信息透明性
（1）完美信息博弈 —— 如象棋博弈
（2）不完美信息博弈 —— 如斗地主博弈

图1-4 博弈的分类

种商品、服务的销路，在实际的经营中，采用的常见策略就是降价销售。比如，有的企业在周末及节假日限时降价，并且通常会声明降价具有特定时段性，过后恢复，其目的就是瞄准在这些时间段内消费者迸发的消费热情，这种“直接降价”行为通常能达到大幅提升销量、减少库存、提高知名度、抢占市场份额等目的。从宏观来看，这类在特定时间的降价对企业的冲击和风险都是有限的、可控的，这也是企业常常采用此种定价策略的重要原因。再如建立顾客消费积分制，即承诺顾客达到一定消费额度，累积到一定消费积分后，可以换购商品等，或是顾客预存一定消费金后，为顾客提供打折优惠，其本质就是变相的商品降价。这种“变相降价”的行为更容易达到维持顾客黏性、稳定市场占有率等目的，这种降价实际上是针对企业长期客户的奖励性降价，因此从长远来看对企业的定价影响是正面的。

在市场竞争中，其他常见的产品推销广告战，产品差异化、售价动态化管理等行为，最终都将以某种形式呈现在产品终端的销售价格上。比如，在电商平台，商品价格会随着客户访问量的变化而动态变化，当某商品需求急剧增加时，通常其价格会上涨，甚至会出现第二次下单时的价格比前一次下单时的价格高的情况，这其实就是因为后台提前判断了顾客“真喜欢”“真需要”这件商品，由此推测顾客愿意为稍高的价格买单，基本逻辑就是让顾客“为喜欢买单”，这就是定价智能的一种具体体现。此外，一些特殊服务的地点、方式、时间具有极其特殊的属性，如旅店（背后是特定时间的具体房型及数量）、机票（背后是特定时间的航班及舱位），其价格就会随顾客购买的时间点与商品服务时间点的“距离”长短而变化，简单来讲这个“距离”越长，比如1个月以上，往往会越便宜。这些顾客是企业的销售基盘，为确保这个基盘的相对稳定，企业常常会通过较高额度扣款比例限制提前一定时间购买的顾客退订、换订。但是并不是“距离”越短，价格随之越低或越高，企业会依据商品的销量与“距离”的关联性来确定商品的价格，通常基盘数量较大，就意味着企业的成本冲抵任务基本完成，此时价格就会逐渐提高，相反，当基盘数量较小时，企业为完成成本冲抵任务，可能会继续降价或低价冲量，来完成“不亏本”的最低目标，此时就需要定价智能的算法根据已有的数据为企业提供价格调整建议。当然，其间企业根据商品以往在节假日、特定季节、特定活动的销量预测调整价格，从而实现销售价格的浮动。这就是当“距离”接近0时，价格波动比较大的内在逻辑，因为过了特定时间点，或者“距离”成为负数时，没有售出的旅店房间或机舱座位不但不能为企业贡献利润、冲抵成本，相反还会产生损耗、折旧、维护成本。由此可见，同样是降价、提价行为，其变动幅度、发布时间等，都需要强大的定价智能支撑，这也隐含了企业与消费者之间的博弈智能。这些智能需要算法、数据分析和博弈论、运筹学、社会心理学、市场营销等多种技术、策略的综合性支持，这就是定价智能研究的范畴。

综上可见，无论是企业的“直接降价”“变相降价”行为，还是互联网时代常见的“羊毛出在猪身上（获得的优惠都会由市场其他的主体买单）”的创新商业模式等，其背后的本质都是在不同市场要素中的腾、挪、转、换，其实质就是企业市场竞争的

定价智能行为，具有极高的对抗性和智慧性。

（四）教育博弈：育才智慧

人类的发展离不开教育。教育就是通过传播人类文明成果，以学习为主要手段，使受教育者“内化于心、外化于行”。但是，学习过程是痛苦的，无论在其中注入多少“快乐要素”，都不可能否定其中的痛苦历练。它的内在逻辑是：

①存在“要你学”与“我要学”这个恒定的教育博弈难题，这个难题常常存在于家庭和学校中，父母、教师需要帮助学生去解决。②优质教育资源总是有限的。在此前提下产生了大众教育是否公平的问题，这决定了受教育者必须以某种尺度被选择。目前来看，“考分”作为尺度，操作相对容易、接受度高、对比性强，从而演变成为教育领域的量化尺度。这也说明在教育中博弈是普遍存在的。

那么，在教育中又存在哪些博弈现象，背后隐藏着什么样的博弈智能？这就是本节尝试介绍的育才智慧。为做到浅显易懂，在此主要以家庭教育、学校教育为场景，瞄准家长与孩子、教师与学生间的相互影响、相互制约中的人才培养的博弈智慧。在此提出一些有待探索的观点、看法，以供参考。

在家庭、学校中，由于未成年的学生普遍存在规则意识、自制力、时间管控力差等亟待增强的问题，一些过激的“对抗性”“抗争性”现象时有发生。常见的是家长为学习、教育问题与孩子发生争执，孩子在成长过程中也面临成长烦恼、逆反心理，以及与家长的期望存在落差等难题，严重时还会引发家庭矛盾，甚至发生肢体冲突，其结果自然会对孩子的身心健康和学习成绩造成影响。因此，培养孩子的过程本身就是一个博弈过程，需要博弈智能和育才智慧。这正如古希腊哲学家、思想家柏拉图所说“初期教育应是一种娱乐，这样才更容易发现一个人天生的爱好”，在初期教育中，家长不应过度用强、用力，而要学会使用三十六计中的“欲擒故纵”，先将孩子引进“门”，再逐渐加量、增难、激励，使其树立自信、自强、自尊，最终达到培养孩子“我要学”意识这个高级教育目标，而非停留在仅追求考试分数、考级等低级教育目标。

实际上，技术的发展，引发了人类知识大爆炸，知识、技术更新周期越来越短，千百年来人们传颂的“三人行，必有我师”，在当今信息时代已有所发展和变化，此处的“人”需要扩展到信息网络、“数字人”等范畴。比如，目前大热的ChatGPT聊天机器人，从公共的、历史性的知识丰富度来看，此机器人已经在某些方面远远超过教师与家长。因此，在中小学教育和本科教育中，由教师所具有的压倒性知识而形成的教育场景中信息不对称的现象，正在逐渐淡化，甚至消失。为何古训中的“师道尊严”越来越难以建立？因为教师在学生面前已经少有甚至没有信息与知识的优势。这个“尊严”如何建立？而没有尊严又如何能让学生信服教师、跟随教师？这成为当下家庭教育、学校教育中普遍存在的难题。当然，教师、家长可以通过不断学习，提高教育技能和丰富教育方法，甚至可以参考其他国家的做法：先取得其他学科学位，再接受教育、教学学习、训练并取得教师资格证，最后成为教师。因此，在教育场景使用类似兵法智能的“知己知彼”谋略，也是一种育才智慧的教育博弈行为。

我国北宋的思想家、教育家、理学创始人之一张载曾经说过“教之而不受，虽强告之无益。譬之以水投石，必不纳也。”其含义是在教育学生的时候，如果学生不乐于接受，即使强行灌输，也是没有多少收益的，甚至适得其反，这就好比将一桶水泼洒到石头上，石头也不易吸收全部水分，但是，如果是一瓢一瓢地泼洒，水却能逐渐被吸收，甚至被深度容纳。因此，在教育领域常说的“循序渐进”“因材施教”，也是育才智慧的高度体现。

从上可见，将育才放在博弈大背景中去思考、去理解、去实践，定能发现博弈的许多谋略、计谋可以应用于育才场景之中，如能践行“兴趣驱动”“目标驱动”“过程大于结果”等方法，就能实现意想不到的育才成效。

（五）囚徒困境博弈：纳什均衡策略

博弈是公认的人类高级智能。1944年约翰·冯·诺依曼（John von Neumann）和奥斯卡·摩根斯特恩（Oskar Morgenstern）合著《博弈论与经济行为》，该著作以经济行为为讨论对象，通过细致的分析，建立了博弈公理，并据此建立了博弈论，将博弈论应用于经济行为的研究之中。因此，这本著作也成为博弈论的奠基性著作。尽管博弈论不是约翰·纳什（John Nash）最先提出来的，但是，博弈的准确概念却源于纳什，纳什不仅提出了博弈概念的准确定义，还对该定义进行了严格的数学证明，开创了博弈领域多人参与的有限“非合作博弈”研究新领域。零和博弈类似于前述市场博弈概念，只是将“零”变成一个所有参与方获利之和的常量，即某方所得就必为他方所失。比如，多人切分一个蛋糕、棋牌游戏的输赢等问题，都属于零和博弈问题。但是，纳什均衡[①]并非只针对零和博弈问题，而是进一步假设博弈各方存在合作且以共赢为目标的情况，这就是非零和博弈问题，比如前述市场博弈中的负和博弈就属于非零和博弈类型，典型例子就是“囚徒困境”问题。

“囚徒困境”作为博弈的经典问题，其求解过程具有典型的科普意义。假设两名小偷A、B联合作案，因私闯民宅并被警察逮捕。警察将他们分别安排在不同房间进行审讯，并介绍了他们所面临的处境及可能的3种量刑处罚规定：

①如果他们2人都坦白罪行、交出赃物，那么，在证据确凿之下，两人都将被判有罪，并各被判刑8年。

②如果其中一名坦白而另一名抵赖，则坦白者就会因将功补过而被立即释放，抵赖者则将在8年的基础上以妨碍公务罪加刑2年。

③如果他们2人都抵赖，警方终因证据不足，就不能对2人判刑，但是将以私闯民宅罪名，各判入狱1年。

如表1-1所示，如果2名犯罪嫌疑人掌握了纳什均衡策略，他们最好的结果就是一起抵赖，各判入狱1年。

① 纳什均衡是指满足如下性质的一种策略组合：任何一位玩家在此策略组合下，单方面改变自己的策略，且其他玩家策略都不变时，该玩家不能提高自身收益。

表1-1　囚徒困境面临的决策

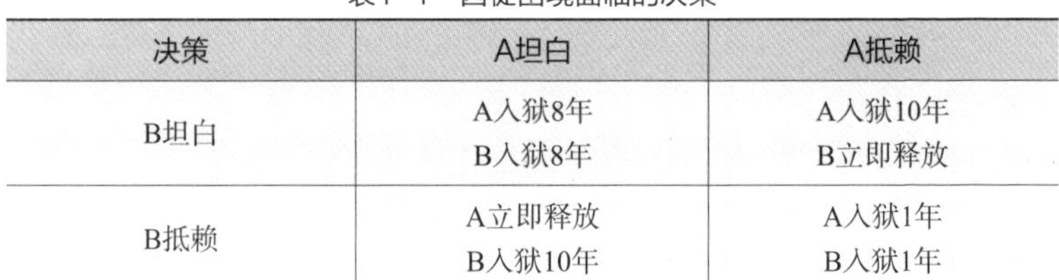

决策	A坦白	A抵赖
B坦白	A入狱8年 B入狱8年	A入狱10年 B立即释放
B抵赖	A立即释放 B入狱10年	A入狱1年 B入狱1年

然而，因为2名犯罪嫌疑人被分别隔离关押，无法知晓对方的选择，此时两人会从利己的角度选择坦白，当然结果是损人也不利己，都被判刑8年。

其实，市场竞争中经常会出现相似的竞争对手选择相同策略的默契现象，而且到最后竞争对手之间还能形成互相制衡的经营状态。利用纳什均衡博弈策略能比较好理解这个现象：即使有厂家实施降价销售策略，无论过程如何跌宕起伏，最终都会回归到正常市场竞争状态中。当然，其他各方均出局、仅存一个垄断者的特殊情况除外，这就是国家会从政策层面实施反垄断、价格保护的原因。纳什均衡博弈策略已被广泛运用于经济学、生物学、会计学、计算机科学、人工智能、军事博弈等领域。

计算机博弈是针对棋牌类游戏的博弈，属于零和博弈类型，象棋、围棋、五子棋等双人博弈活动，就是典型的非合作的零和博弈。但是，其中也存在合作博弈。例如，斗地主博弈的农民间和桥牌博弈的同伴间均存在合作需求。因此，纳什均衡博弈策略在计算机博弈领域中是有应用基础的。

二、计算机博弈的兴起

自18世纪人类学者提出“机器能像人类一样思考吗？”这一问题开始，历经图灵自问自答的“机器可以具有智能”，香农的“机器能像人一样下棋”，卡内基梅隆大学的“深思”下棋机和IBM的“深蓝”下棋机，谷歌的AlphaGo系列围棋程序和AlphaZero系列棋类游戏AI，计算机博弈发展历史从长地说已有200多年，从短地说（自图灵“纸上下棋机”开始计算），也有70多年。

在计算机博弈发展历程中，“机器能像人类一样思考吗？”这个问题一经提出，科学家就从多个维度、前赴后继地开展相关研究。计算机博弈以棋牌类游戏为研究载体，以电子数字计算机为计算工具，以智能算法为研究方法，以编写程序代码为工作手段，模拟、仿真人类智能行为，从结果看是“教会”计算机下棋、打牌、打麻将，从过程看是借此开展对人类智能本质的研究。因此，计算机博弈只是人工智能众多研究领域的一个细分领域，由于研究载体是人们熟悉的游戏，其研究结果更容易引起人们的兴趣，这也是人工智能历次变革或重大发展都与计算机博弈存在密切关系的原因，甚至可以说计算机博弈成为了人工智能发展的重要催化剂。

（一）机器可以具有智能：图灵的“纸上下棋机”

20世纪，以图灵为代表的一群科学家，继续探索“机器能否具有智能”这一问题。图灵一生尽管短暂，但在众多领域都做出了划时代的开创性贡献，如率先提出当代计算机的雏形“图灵机”、证明机器具有智能的“图灵测试”等，如图1–5所示。

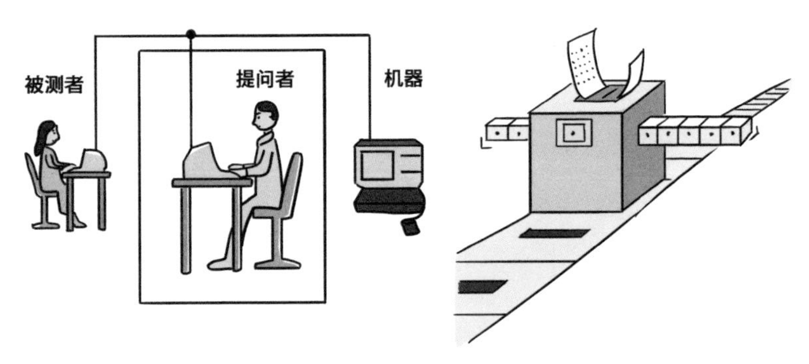

图1–5　图灵测试、图灵机纸上下棋概念图

简单来讲，图灵机是一个理想的计算模型，基本思想是借助某种机械操作，模拟人们数学运算的过程，有学者猜测约翰·冯·诺依曼提出的计算机体系结构可能受到了该模型的启发。而图灵测试则是一个检验机器是否具有人类智能的测试方法，它将被测者、机器和提问者分别放在隔离的空间中，由提问者发问并判断被测者和机器的答案，如果无法区分答案的发出者是人还是机器，就可以认为机器具有人的某种智能。该方法简单、易操作，但是在计算机、人工智能还不发达的那个时代，图灵提出这一测试方法的难度和其具有的前瞻性还是常人不能企及的。

在可编写程序的计算机面世之前，图灵为进一步证明“机器可以具有智能”的假设，于1952年自己动手制作了呈现人机对弈的“纸上下棋机”，图灵以他自己感兴趣的国际象棋为对象，编写了机器下棋的序列指令（图1-6）模仿人类下棋的过程，通过铅笔、纸、手，机器按照指令规定步骤，以每步计算需要花费半小时的代价，与自己的同事进行计算机下棋比赛。尽管在这次人机对战中“纸上下棋机”输掉了比赛，但是它所具有的国际象棋程序雏形，对此后人类“教会”计算机下棋具有划时代的引领意义；而且，无论是图灵机还是“纸上下棋机”，其思想都在后来得到了验证。

1.e4 e5 2.Nc3 Nf6 3.d4 Bb4 4.Nf3 d6 5.Bd2 Nc6 6.d5 Nd4 7.h4 Bg4
8.a4 Nxf3+ 9.gxf3 Bh5 10.Bb5+c6 11.dxc6 0–0 12.cxb7 Rb8 ··· 29.Qxd6 Rd8 0–1

图1–6 图灵“纸上下棋机”的序列指令示例

鉴于图灵对当代计算机诞生做出的开创性贡献，对计算机学科诞生做出的奠基性贡献，同时为纪念这位天才，美国计算机协会（association for computing machinery，ACM）1966年专门设立“图灵奖”，奖励那些对计算机事业做出重要贡献的个人。图灵奖的获奖条件要求高，评奖程序严，通常每年只奖励一名计算机科学家，极少数情况下，会有多名合作者或在同一方向做出贡献的科学家共享此奖。因此，图灵奖享有“计算机界的诺贝尔奖”之称，是计算机领域最高奖项。截至2022年，已有76名科学家获得图灵奖，其中2000年图灵奖得主姚期智是目前唯一一位获得图灵奖的华人学者。

（二）机器能像人一样下棋：香农的极大–极小算法

早在人工智能概念被提出前，人们就在思考、探索“让机器像人一样思考、判断和推理”的科学问题，并提出研制“能够理性决策的机器”的想法。在此期间，产生了许多经典的研究成果，下面列举与计算机博弈相关的两个实例，由此介绍“机器能像人一样思考”问题的提出与发展历程。

1928年，约翰·冯·诺依曼提出并证明了极大–极小原理，该原理的基本思想是“在你赢、我输的零和博弈场景中，博弈各方不能停留在当下的博弈局面进行决策，而应该不断地计算下一步、下下步……的决策结果，并从中倒推发现对自己最有利的博弈决策”。该原理可以实验、可以论证、可以计算，也可以被运用，从而为博弈论的诞生奠定基础，因此，约翰·冯·诺依曼也被后人誉为博弈论的奠基人。

1949年，克劳德·艾尔伍德·香农（Claude Elwood Shannon，1916—2001，美国数学家，“信息论之父”，是世界上首个提出“计算机能够和人类下棋”的学者）在《哲学杂志》上发表文章*Programming a Computer for Playing Chess*，阐述了人机博弈的方法及计算机国际象棋下棋程序，该方法就是香农利用约翰·冯·诺依曼提出的极大–极小原理，实现“教会”计算机下国际象棋（图1–7）。简单来讲，零和博弈的玩家都会在选项中选择让自己收益最大或者让对手收益最小的下棋行为（后文称为着法）。此过程就像一棵树，其中节点表示棋局局面、树枝表示着法，按照国际象棋的下棋规则，甲乙双方交替行棋，在甲方下棋时就是选择让自己收益最大的着法，此为极大层，当轮换到对手乙方下棋时，其必定是选择使自己收益最大、甲方收益最小的着法，此为极小层。这就是极大–极小值算法的核心思想。

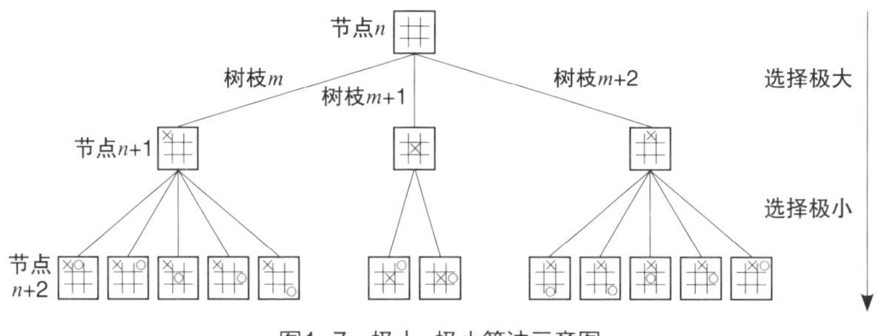

图1-7 极大-极小算法示意图

在香农发布的计算机国际象棋下棋程序中，他将棋盘定义为二维数组①，并构造了一个棋局局面评估函数（evaluation function），通过判断函数值的变化，发现博弈树的极大或极小值点。这在数学上是容易实现的，比如当函数值从下降变为上升时，其拐点就是一个局部区域的极小值点，反之就是极大值点，借助此函数公式，实现程序就比较容易了。而且香农依照人类棋手的下棋行为，将计算机的行棋过程划分为多个阶段，如开局、中局和残局，在不同阶段使用不同的技术手段，从而形成计算机下棋（国际象棋）问题的完整解决方案，这个方案现在仍有不少研究者使用。

此外，香农还证明了当时要用计算机穷举博弈树的所有节点后再找出其中的极大、极小值点是不可能的。因为，香农计算出国际象棋的博弈树的空间复杂度高达10^{120}。这个数字大得难以想象，即使以现在每步$1/10^{10}$秒为量级运算速度的家用计算机为例，其理论计算速度大概为4×10^{10}次/秒，那么使用这台计算

① 以数组为数组元素的数组，也称为矩阵。

机进行搜索运算也需要花费2.5×10^{109}秒，约为7.927×10^{101}年，即使使用2022年全球最快的美国橡树岭国家实验室运算速度达1.10×10^{20}次/秒（即超百亿亿次）的“前沿”超级计算机，也至少需要2.883×10^{92}年，这显然是一个惊人的时间长度，更不要说是否存在能正常运行这么长时间的计算机了！因此，香农在20世纪50年代就指出用穷举方式，即遍历博弈树的穷举搜索法指导计算机程序搜索并发现优化下棋路径的做法，是不切实际的，必须另辟蹊径。为此，香农依据极大–极小算法，发明了一个有150个继电器开关、有一定计算能力的“会下国际象棋的机器”，从理论上解决了教会计算机下棋问题，从而奠定了计算机下棋的理论研究基础。在若干年后IBM发明的“深蓝”、谷歌发明的AlphaGo中，都能看见这个理论、思路的影子，可见其重要意义。

从上可见，香农将约翰·冯·诺依曼的极大–极小原理直接应用于计算机国际象棋下棋程序，提出极大–极小算法并以该算法为基础，研制出“会下棋的机器”，这不仅解决了“计算机能否下棋”的问题，而且给出了“机器能够模仿人类思考、推理”的答案，这是具有划时代意义的重大事件。通俗来讲就是香农将人类的棋牌类博弈问题转变为数学问题和计算机程序设计问题，而且他还动手制造设备，进而将其转变为工程问题，因此，香农在这个问题上实现了数学、技术、工程三跨越，这为计算机博弈发展、人工智能诞生奠定了坚实基础。鉴于香农的鼎鼎大名，1956年的达特茅斯会议特别邀请了香农来为一群年轻人撑场，约翰·麦卡锡（John McCarthy）、马文·明斯基（Marvin Minsky）、艾伦·纽厄尔（Allen Newell）、赫伯特·西蒙（Herbert Simon）等一群天才青年科学家聚集在达特茅斯学院，他们举办的人工智能会议成为人工智能发展的“起点”，后来前4人先后获得计算机界最高奖项“图灵奖”，且西蒙还在1978年获得诺贝尔经济学奖。达特茅斯会议长达2个多月，这群年轻人提出并探讨了一个当时看来是完全不食人间烟火的主题——“用机器来模仿人类的学习和智能”，尽管会议最后并没有达成共识，但会议发起人之一麦卡锡在向洛克菲勒基金会提交的项目经费申请书Summer Research Project on Artificial Intelligence中提到一个类似于论文关键词的“Artificial Intelligence”（英文简称AI，人工智能），这成为目前大家公认的人工智能诞生之源。

（三）可自我运算的机器：冯·诺依曼计算机

“用机器来模仿人类的学习和智能”，这是人工智能诞生时的最初想法。70多年来学界一致遵循着这个想法，从未改变过。现在这个想法已发展成为一门研究开发用于模拟、延伸和扩展人类智能的理论、方法、技术及应用系统的技术类学科——人工智能。其本质是研制像人一样思考甚至是超越人类智能的机器智能。由此可知，人工智能原本是需要依托某种具体装置并呈现出智能或智能行为的系统，这也是人工智能常常被称为机器智能的重要原因。

约翰·冯·诺依曼率先提出并研制可以自我复制的机器，也就是设计一个能够完成自动化运算的机器。这种机器主要以电机、齿轮等作为基础组件，如机器人、飞机、汽车等，它们在被赋予自动控制、人工智能后，就具有不同的能力，成为诸如智能机器人、无人机、自动驾驶汽车等AI系统（图1-8）。而且，在一些机械及其装置的制造工艺成熟后，人们就更为关注其中的智能，较少去关注机械及其制造工艺，如自动驾驶汽车。机械装置是这类AI装置的身躯，智能算法是其灵魂，必须使用硬件装置来连接所有软件、满足个性化需求，最终实现完全智能化。因此，真正达到智能的机器装置是一个完整系统，不是只包括硬件、软件、算法，而是硬件、软件、算法及其运行机制的一体化。

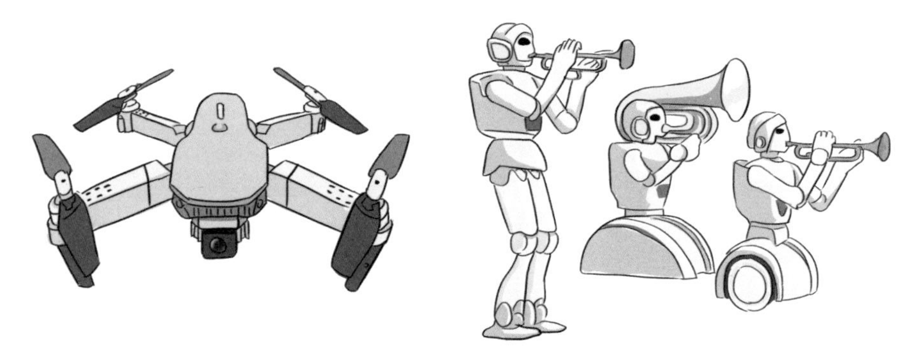

图1-8　汇聚硬件、软件、算法等为一体的体现智能的机器

那么，什么样的产品、系统能够继续承载这个仿真、模拟智能呢？概括来讲，这就需要解决模拟场景的数字化、信息化，再到自动化、智能化等系列问题，而已经解决这些问题的基础性产品就是20世纪最伟大的发明之一——精于计算、长于存储、擅于做简单重复性工作的电子数字计算机。说到电子数字计算机，那就不得不提到美籍匈牙利数学家、物理学家约翰·冯·诺依曼的

贡献。当前主流计算机结构就是约翰·冯·诺依曼提出的冯·诺依曼计算机体系结构（图1–9），他也因此被后人尊称为“计算机体系之父”。

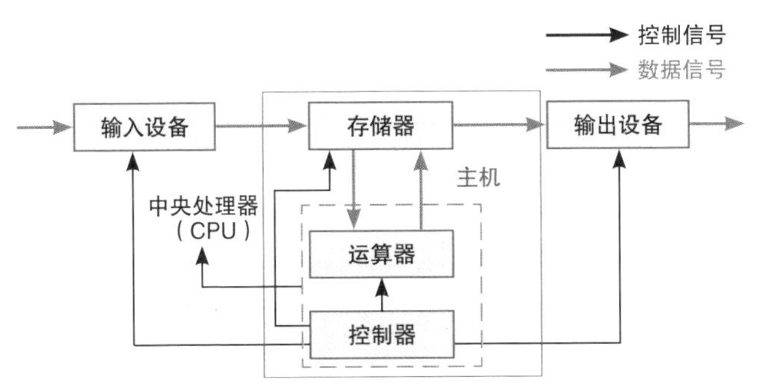

图1–9　冯·诺依曼计算机体系结构

冯·诺依曼计算机体系结构为何如此重要？所谓结构就是在一个系统之中，元素以及这些元素之间的联系形成后就不能再改变。比如，建筑物的桩、柱及将其连接的梁就是一种结构，再如四肢、躯干、脑、骨连接形成人体的结构，它们不可能也不允许发生改变。本质上来讲，结构也可归属于智能的范围，也就是“结构即智能”的含义，这说明了冯·诺依曼计算机体系结构的重要地位。

为进一步解释冯·诺依曼计算机体系结构对人工智能发展的重要作用，在此以计算工具模拟人类计算过程为例，以我国古人发明的算盘为对象，对比冯·诺依曼计算机体系结构，简要分析具有智能要素的计算过程，以此窥见人的计算思维，从而帮助读者进一步理解计算机模拟人的计算过程。假设利用算盘来完成15与51这两个数的加法运算，其大致可以按照如下运算步骤完成计

算过程：

（1）输入。计算者需要借助笔、纸书写、记录这2个数字，并利用计算者手指在算盘上拨动算珠“呈现”图1-10所示的数“15”。

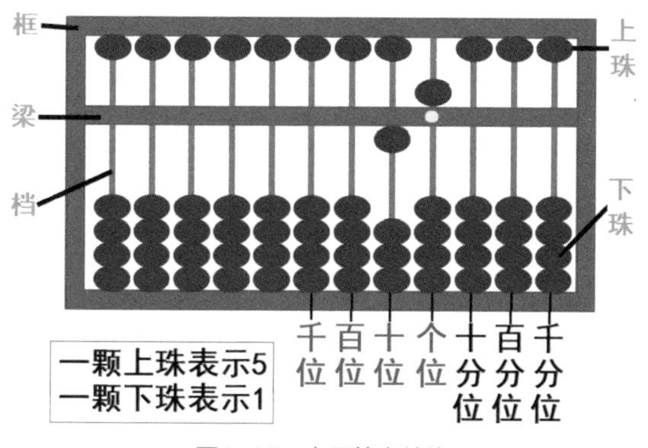

图1-10　中国算盘结构

（2）运算。计算者利用加法运算规则和算盘结构，通过计算者大脑及手指实现相关算珠的“有序”移动，完成这两个数的相加计算过程。

（3）输出。计算过程结束后，需要输出计算结果。在算盘上就呈现为个位、十位的算珠都处于上拨和下拨状态，按照算珠所在位置的计数规则，得数就是十进制的66，然后将结果记录到纸上完成全部计算过程。

由此可见，在大脑指挥下，“输入—运算—输出”就是人的计算过程，借助笔、纸就完成15与51这两个数的加法运算。推而广之，如果用计算机来完成这个计算过程，也需要计算机具有与人体结构及其功能相似的部件及其职能：

①输入设备。如键盘、网络，可以对应笔。

②输出设备。如显示器、打印机，可以对应图1-10中算盘所呈现的状态、笔和纸。

③存储器。分为内存（断电或重启内容就会丢失）和外存（如可以长时间存储的硬盘、穿孔纸带等），可以对应帮助记忆的大脑和纸张。

④运算器。完成运算的电子部件，可以想象为算盘的计数规则，如1颗上珠代表5、1颗下珠代表1，小数点前后的整数位、小数位，以及四则运算法则，当然还包括用手指拨动算珠、用笔在纸上书写等过程。

⑤控制器。对应大脑。通过大脑对上述所有部件、运算规则及输入、输出、存储的动作进行指挥与统一协调。

类似于算盘结构中将上珠的数值设为5、下珠的数值设为1一样，在计算机结构设计中，人们发现电源、电压、电磁场都是最容易实现且成本低廉的电子结构，电源的有与无、电压的高与低、电磁场的强与弱，其对应的数字状态可以是大与小，这就为计算机采用二进制提供了良好基础。再将运算过程以程序化表达并存储起来，让机械系统据此自动地进行运算，这就是冯·诺依曼计算机体系结构的核心思想。计算机作为一种现代计算工具，在计算机程序设计语言和各类软件支持下，能够快速、准确地完成大量数据的自动化运算。人们利用计算机的快速、擅于做简单重复性工作的特点，在冯·诺依曼计算机体系结构基础上，陆续发明了操作系统、程序设计语言、工具软件、应用软件等，再配上设计良好的人机界面，使得人们稍加学习就可使用计算机帮助开展各类计算工作，从而使得计算机成为一种大众化计算工具。

其实，计算机背后的机械装置属性并未被改变，在其上的任何行为，仍然是属于机器智能的范畴，当然也是人工智能的范畴，这就是冯·诺依曼结构计算机的伟大作用。

到目前为止，图灵回答了机器可以具有智能这一问题并设计了程序运行的“纸上下棋机”，香农证明了“机器能像人一样思考”，约翰·冯·诺依曼解决了机器的自动化计算问题，其他计算机专家陆续创造了计算机编程语言、网络协议（本质上也是一种计算机语言）等，解决了人与计算机、计算机与计算机之间的交流与沟通问题。所有这些内容，都在朝着“‘教会’计算机下棋”的方向发展。

（四）一切过往成就序章：“土耳其人”下棋机

发明一台下棋机，打败人类棋手，这是人类学者提出“机器能像人一样思考吗？”问题前，人们就开始追逐的伟大梦想。1770年，奥地利工匠沃尔夫冈·冯·肯佩伦（Wolfgang von Kempelen）发明了世界上首台下棋机——“土耳其人”（the Turk），这台装置诞生之后，名声大噪，因为它能够与国际象棋高手对弈，拿破仑也是它的手下败将。但是，最终谜底被揭开，“土耳其人”下棋机会下棋，完全是因为通过巧妙的机械设计，在机器后面隐藏了一位象棋高手，对弈实际上是人人对战，而不是人机对战（图1-11）。

图1-11 “土耳其人”下棋机

尽管“土耳其人”下棋机是一个骗局，但是，它为后人提供了灵感，促使人们以全新的方式去思考，推动真正的下棋机的诞生。其中，著名的有英国工程师和数学家查尔斯·巴贝奇（Charles Babbage），1819年，巴贝奇与“土耳其人”下棋机下过2次棋，都输了，当时巴贝奇就怀疑这个机器并不具有“智能”，怀疑背后隐藏有棋手在控制机器，但是，巴贝奇没有像其他人一样花时间写文章去揭露，而是想着如何去制造一台真正的下棋机，以便能吸引资金来支持他设计的一种可编程、自动运算的机械计算器，即分析机。由于机械设计、制造在当时太过复杂、艰难，最后并未成功，但是，巴贝奇却发明了井字棋游戏

机。其间，巴贝奇的协作者阿达·洛芙莱斯（Ada Lovelace）意识到这种机器的可编程性能够实现概括功能，而且她指出，这种机器将帮助数学家通过对机器编程，教会机器如何执行任务。

进入20世纪中叶，首台电子可编程计算机埃尼阿克（ENIAC）于1946年诞生，香农于1949年发表理论性论文《计算机下棋程序》（*Programming a Computer for Playing Chess*），开创机器下棋的理论研究先河并奠定现代下棋机的理论基础。当时，许多著名的计算机科学家就曾乐观地预测：将在几年之内设计一台能够击败国际象棋世界冠军的下棋机，解决“计算机国际象棋问题”。后来的事实证明，这个预测过于乐观，即使到20世纪80年代早期，人们设计的下棋机也难以企及打败世界冠军这个目标。因此，彻底解决“计算机国际象棋问题”就成为当时计算机领域至高无上的目标。

（五）立志打败世界冠军的机器：“深蓝”下棋机

1988年至1989年，卡内基梅隆大学“深思”（deep thought）下棋机分别赢得了北美计算机象棋锦标赛冠军、世界计算机象棋锦标赛冠军，以及获得弗雷德金二等奖，它甚至可以分析和解释国际象棋大师下棋的数千种套路，其初始版本就包含了70万种大师级玩法。在获得这一系列成绩后，“深思”成为第1个获得国际象棋计算机特级大师称号的机器。在“深思”下棋机研发团队核心成员中，有来自中国台湾的许峰雄，许峰雄于1985年进入卡内基梅隆大学计算机系攻读博士，在偶然的机会中接触到“计算机国际象棋问题”，并参与了“深思”下棋机的研制。

尽管“发明一台能够击败国际象棋世界冠军的计算机”这个想法是不为人所看好的，甚至在当时看来显得荒诞可笑，但是，在计算机学者中有群喜欢冒险、创新的人，许峰雄就是其中一位。在分析了当时最好的“贝尔”下棋机后，许峰雄受到该机器设计者肯·汤普生（Ken Thompson）在一次学术报告中所提及的“如果给予‘贝尔’更多时间，其下棋能力就会更强”的启发，许峰雄在其团队内部提出一个大胆设想：“如果将像‘贝尔’这样的机器计算速度再提高千倍，结果会如何呢？”当时“深思”团队就认为：假设能够制造出这个千倍速的新“贝尔”下棋机，即便不足以击败世界冠军，也能与世界冠军的水平不相上下[3]。

许峰雄提出的这个“以速度制胜”的想法，后来被带进IBM“深蓝”团队，IBM强大的计算机制造能力有力地支持许峰雄去大胆实施这个想法。这也是许峰雄一直坚持认为“深蓝”打败加里·卡斯帕罗夫（Garry Kasprow）与人工智能没关系的内在原因，许峰雄坚持认为“深蓝”只是依靠超算能力机械地计算才打败世界冠军的，它不是真正的人工智能。不过人们还是普遍认为“深蓝”既是人类历史上首个战胜人类国际象棋世界冠军的下棋机，也是最终解决“计算机国际象棋问题”的机器。显然，“深思”下棋机的过往经历，是促成“深蓝”成功的基石。

康拉德·楚泽（Konrad Zuse，1910—1995）是一名德国工程师，现代计算机发明人之一。他提出了计算机程序控制的基础概念，并在1938年以继电器为逻辑元件，开发了世界上首台可编程二进制计算机：Z1，后来又制造了有超过2 000个继电器的代

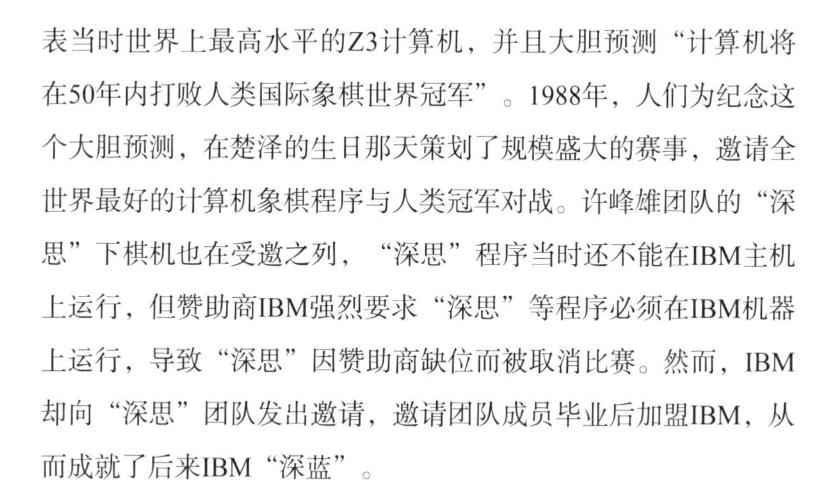

表当时世界上最高水平的Z3计算机，并且大胆预测“计算机将在50年内打败人类国际象棋世界冠军”。1988年，人们为纪念这个大胆预测，在楚泽的生日那天策划了规模盛大的赛事，邀请全世界最好的计算机象棋程序与人类冠军对战。许峰雄团队的“深思”下棋机也在受邀之列，“深思”程序当时还不能在IBM主机上运行，但赞助商IBM强烈要求“深思”等程序必须在IBM机器上运行，导致“深思”因赞助商缺位而被取消比赛。然而，IBM却向“深思”团队发出邀请，邀请团队成员毕业后加盟IBM，从而成就了后来IBM“深蓝”。

“深蓝”下棋机实际上是一台通过高速交换网络连接的IBM RS/6000 SP处理器集群，包括30台计算机，每台计算机有16个定制国际象棋芯片，共480颗特别制造的国际象棋芯片，RS/6000 SP芯片分布在2个微信道卡上，每秒可以检索2×10^8个棋局，运行速度达130 MHz。这个特制的专用芯片提供的强大算力，使得“穷举法”式搜索成为可能。“深蓝”下棋机还具备了丰富的国际象棋知识、开局库、残局库，并在特级大师指导下进行了1年的运行测试、迭代，最终“深蓝”下棋机下棋水平极高。由此可见，“深蓝”能战胜国际象棋冠军卡斯帕罗夫的原因，主要有两点：一是丰富的国际象棋知识库；二是超强的计算能力。1996年“深蓝”挑战卡斯帕罗夫失败后，硬件再次升级，命名为“更深的蓝”（IBM及许峰雄仍称之为“深蓝”，因此，下文仍称为“深蓝”），算力直接飙升，理论搜索速度高达每秒10亿个棋局，实际峰值搜索速度达到每秒2亿个棋局。这个搜索速度，即使国际象棋博弈树搜索宽度达到30、搜索深度达到80，博弈树搜索空间的状态数达到10^{50}，在其他人类先验知识支持下，“深蓝”仍能实现12步内的蛮力搜索（即穷尽12步内所有可能的分支后，再确定最佳搜索路径），而卡斯帕罗夫最多预判到10步，与机器的预测能力比较，高下立判。其中，负责“深蓝”芯片、架构设计的就是许峰雄，他也因此被尊称为“深蓝之父”。

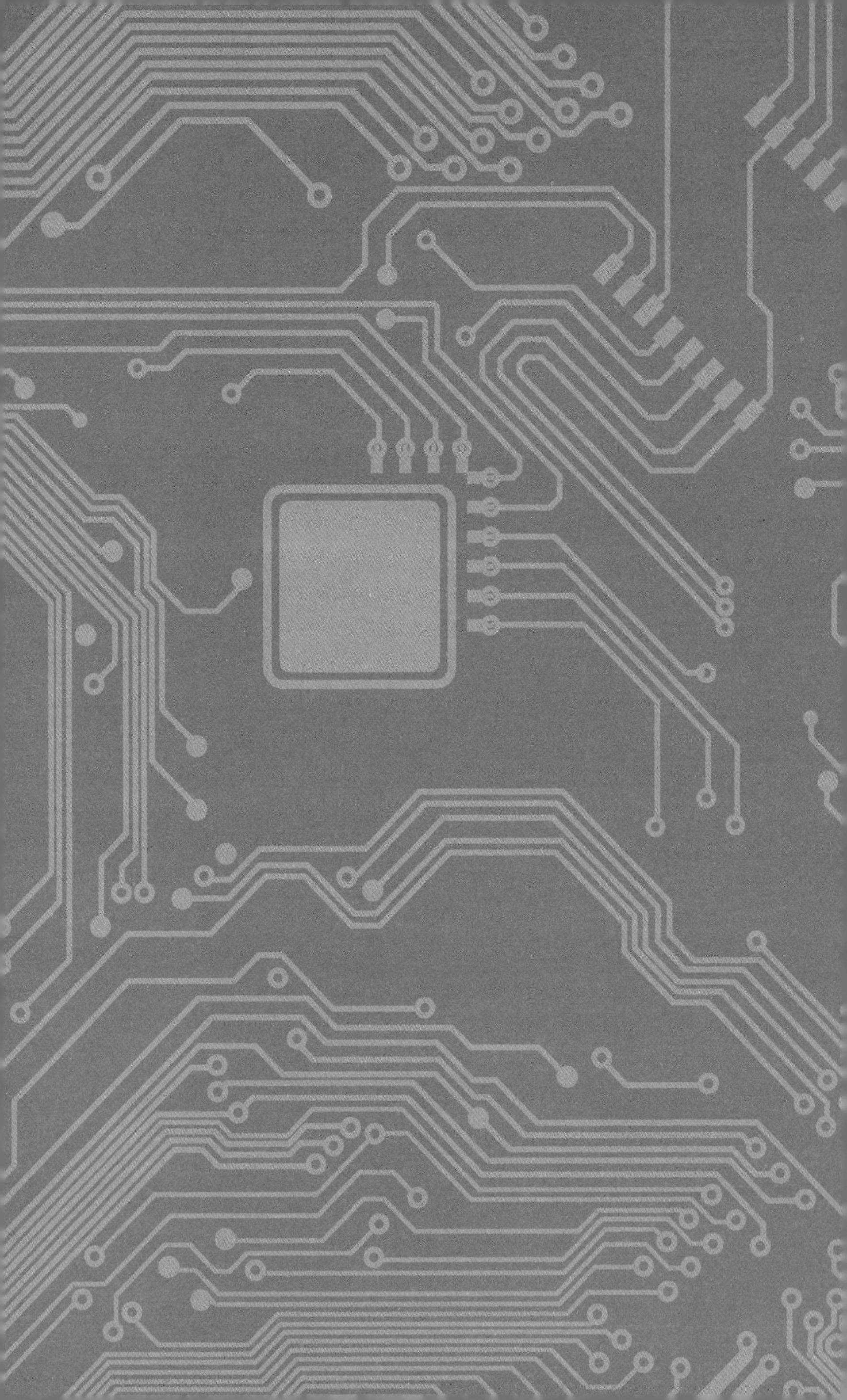

第二章

AI汹涌而至：石破天惊的人机博弈

一、AI黎明前的暗流涌动

人工智能从1956年诞生以来，取得了“深蓝”国际象棋下棋机和AlphaGo围棋程序两个标志性里程碑成果，它们也代表了2条技术路线，其中“深蓝”过度依赖计算机的穷举搜索和人为预置的搜索规则（或者称之为人类棋手的先验知识），而AlphaGo则具备自我学习能力，能从人类围棋高手的对局中自动学习，并成为高手。AlphaGo在Lee版本之后的Master、Zero版本，将博弈智能发展到新的高度，能够“从零开始”成长为顶级围棋AI。而AlphaStar的诞生，则将计算机博弈从常规的序贯博弈拓展到策略游戏领域，这不仅是计算机博弈场景的扩展，而且表现出从单一领域的专用人工智能向通用人工智能发展的趋势，这个趋势看似微小，却可能成为未来通用人工智能发展的燎原之火。

（一）“深蓝”打败国际象棋世界冠军

1997年5月11日，全世界通过电视观看了一场具有划时代意义的比赛：升级后的“深蓝”计算机以3.5：2.5的比分（2胜1负3平）战胜国际象棋世界冠军加里·卡斯帕罗夫。卡斯帕罗夫6岁开始下棋、13岁获苏联青年赛冠军、15岁成为国际大师、16岁获世界青年赛冠军、17岁晋升国际特级大师、22岁成为历史上最年轻的国际象棋冠军，在1985—2006年间连续23次获世界排名第一，11次获国际象棋奥斯卡奖。卡斯帕罗夫是国际象棋史上的奇才，被誉为“棋坛巨无霸”，懂15国语言，还是一位数学家、计算机专家。因此，计算机能够战胜卡斯帕罗夫，其意义非凡。

其实，1996年IBM的第1代“深蓝”计算机，思考速度达到300万步/秒，在与卡斯帕罗夫的对战中，“深蓝”以1胜2平3负的成绩败北。为再战卡斯帕罗夫，IBM招募了4名国际象棋大师加入挑战小组，为“深蓝”计算机出谋划策，许峰雄被邀请加入并主导了新的计算架构设计，新计算机专为再战而进行独特设计。最终，在双方遵守常规时间控制规则下的6局大战中，“深蓝”以2胜1负3平打败卡斯帕罗夫，特别是在第6场决胜局中，“深蓝”只用22步棋便迫使卡斯帕罗夫认输，这是卡斯帕罗夫职业生涯中用时最短的失利（图2–1）。

图2–1　1997年国际象棋人机世纪大战

这场人机对弈号称是世纪大战，大战之后发生了有趣的一幕：卡斯帕罗夫质疑“深蓝”有人机联手之疑，对战中用人类经验干预了程序，要求公开对战日志并要求再战，但IBM高挂“免战牌”，时隔多年，IBM才公开了对战日志。当然，“深蓝”程序缺点明显，没有人类棋手的经验自我总结和随机应变能力，许峰雄在《“深蓝”揭秘：追寻人工智能圣杯之旅》一书中也说道：“深蓝”不是基于人工智能技术所构建的系统，其根本动机是创造出一台快到足以击败人类世界冠军的计算机。换句话说，“深蓝”并非利用智能打败人类冠军，而是以纯粹的、超快的计算速度挑战人类的直觉、战术与经验，依靠专门为比赛而设计的超强数据处理能力和独特软件“不停地傻算”战胜卡斯帕罗夫的，因此，许峰雄认为这不是人工智能。当然，计算机相关技术功不可没，但人工智能的潜力是巨大的，强大的计算机系统战胜了人类最强棋手所产生的效果是显著的，“深蓝”成为人工智能的里程碑，这是不可否认的。

参加这次人机大战的“深蓝”计算机，是当时全球最快的超级计算机之一，有不少特别之处。“深蓝”是由全球知名计算机公司IBM专门设计制造、用以分析国际象棋的超级计算机。“深蓝之父”许峰雄在《“深蓝”揭秘：追寻人工智能圣杯之旅》中披露：“深蓝”计算机是32位的IBM RS/6000 SP计算机，计算速度达到1.26万步/秒，存储了当时世界上绝大多数棋谱，“深蓝”的每步棋，都会计算棋子子力值、位置价值、王的安全值和行棋效率值，再配置相应战术、战略来评判局面“优劣”，并从中发现最佳行棋着法。实际上，“深蓝”计算机每个处理器最多可控制16个国际象棋芯片，它们分布在2个微信道卡上，每张卡上的8块国际象棋芯片上又分布了超过4 000个微处理器，这使得“深蓝”计算机检索棋局的速度高达2×10^8个/秒，如此强大的算力为“深蓝”计算机实施“穷举”算法提供了坚实的硬件基础。因此，尽管“深蓝”计算机1996年以2：4的比分输给卡斯帕罗夫，但是升级后的“深蓝”速度再提升2倍后，在1997年以2胜1负3平最终战胜卡斯帕罗夫。

为什么在人工智能发展中，总是要以人们熟悉的棋牌类游戏为载体，来证明人工智能的智慧程度呢？其实，有两个重要原因：一是棋牌类游戏本身所具有的智能性，是揭示人类智能本质的最佳研究载体；二是示范效应，棋牌类游戏具有广泛群众基础，战胜人类棋手是证明一台机器具有智能的最直接的方式。当然对于企业来说，还有宣传自身企业的缘由。实际上，国际象棋起源于亚洲，后由阿拉伯人传入欧洲，此后成为欧洲国家的一项广为流行的智力竞技运动，一度被列为奥林匹克运动会的正式比赛项目。国际象棋的棋盘为正方形，由8×8共64个黑白相间的格子组成，是一种二人对弈游戏，双方各有棋子16枚，即各方都有王、后各1个，车、象、马各2个，兵8个，如图2-2所示。

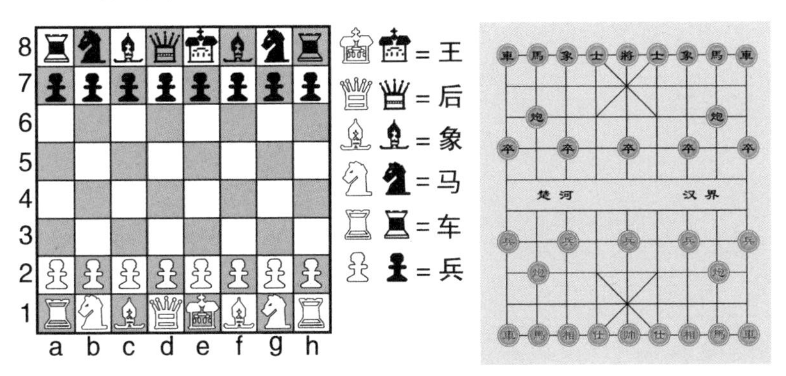

图2-2　国际象棋、中国象棋示意图

国际象棋的规则是以吃掉对方最高统帅“王”为终极目标，即胜利目标，与中国象棋的行棋规则有些类似。由于国际象棋融科学、知识、艺术和灵感为一体，特别在攻王的战斗中，需要运用战略、战术及运筹技术，甚至还需要有创造性、智能突现的灵感发挥，因此，国际象棋成了人工智能理想研究载体。而且，在IBM“深蓝”计算机挑战国际象棋世界冠军之前，许多研究团队以国际象棋为载体，取得过一系列成绩。因此，从某种意义上讲，IBM“深蓝”计算机战胜世界冠军卡斯帕罗夫，不只是IBM的荣光，更是人类的伟大胜利。

（二）AlphaGo打败围棋世界冠军

游戏是集智力、体力、毅力和情感等多重因素于一体的高对抗博弈活动，是和平年代人们智能的强对抗性活动，既益智，也怡情。围棋起源于中国，在我国古代称之为“弈”，《不列颠百科全书》将围棋产生的年代确定为公元前2356年，围棋至今已有超过4 000年的发展历史。之所以选择围棋作为第二次人机世纪大战的对象，是因为围棋不仅发展历史悠久，具有高辨识度，以围地棋子数目多少判定输赢的规则简单明了，而且围棋对弈难度远比国际象棋大。在人工智能领域中，通常以博弈的状态复杂度、博弈树复杂度为判断依据，以它们的大小来判定游戏难度，复杂度越大，对弈难度就越大。如表2-1所示，围棋在棋类游戏中状态复杂度、博弈树复杂度都是最大的，要“教会”计算机战胜世界围棋冠军难度极大，所以围棋被人们认为是人工智能与人脑在棋类游戏领域的终极较量。因此围棋人机大战就极大地提高了人们的期望值。

表2-1 几种常见的完美信息游戏的博弈难度对比

完美信息博弈的棋种	状态复杂度	博弈树复杂度
西洋跳棋（Checkers）	10^{21}	10^{31}
国际象棋（Chess）	10^{46}	10^{123}
中国象棋（Chinese Chess）	10^{48}	10^{150}
日本将棋（Shogi）	10^{71}	10^{226}
围棋（Go）（19×19）	10^{172}	10^{360}

此次人机大战中，AlphaGo展现出了强大的学习能力，人类棋手终其一生也只能完成几万盘对局，而AlphaGo完成的仅仅用于自我训练的棋局就高达3 000万盘。参加此次人机大战的AlphaGo Lee版本，配置了170多个图形处理器（graphics processing unit，GPU），粗略估算有800多万个核心参与并行计算，不仅在前期训练过程中模仿人类、自我对弈不断进化，而且在实战时模拟对局并完成实时进化，将现有的方法发挥到了极限，绝对是人工智能领域的巅峰之作。2016年围棋人机大战与1997年国际象棋人机大战还是存在一些不同：

①围棋人机大战展现了人机融合的高级智能，不再只依赖计算机算力的巨大提升，而且AlphaGo所呈现的智能更让人信服。

②围棋难度比国际象棋难度更大。

③“深蓝”打败国际象棋世界冠军之后，并没有如人们期望的那样将人工智能的应用推向高潮，原因是当时的人工智能“高

高在上”，难以有效应用于工业、社会服务领域。但是，2016年春天，在与世界围棋冠军、韩国九段棋手李世石的世纪大战中，被机器学习算法所武装的AlphaGo Lee版本取得了4：1碾压式胜利，让全世界认识到机器学习算法的巨大潜力，从而将人工智能再次引爆为全球人工智能大潮，直接推动了全球部分国家和组织提出人工智能发展战略（表2-2）。我国在2017年发布《新一代人工智能发展规划》，并在这个规划中明确提出“到2030年人工智能理论、技术与应用总体达到世界领先水平，成为世界主要人工智能创新中心，智能经济、智能社会取得明显成效，为跻身创新型国家前列和经济强国奠定重要基础”的战略目标。为落实这个规划，我国还直接推动了人工智能相关科学教育课程走进中小学课堂。

表2-2　全球部分国家和组织人工智能发展战略

国家/组织	政策/规划	时间
中国	“十三五”国家科技创新规划	2016年
	新一代人工智能发展规划	2017年
	关于加快场景创新以人工智能高水平应用促进经济高质量发展的指导意见	2022年
美国	*Preparing for the Future of Artificial Intelligence*（《为人工智能的未来做好准备》）	2016年
	The National Artificial Intelligence Research and Development Strategic Plan（《国家人工智能研究和发展战略计划》）	
	Artificial Intelligence，*Automation, and the Economy*（《人工智能、自动化与经济》）	

续表

国家/组织	政策/规划	时间
日本	人工智能技术战略	2017年
欧盟	*White Paper on Artificial Intelligence — A European Approach to Excellence and Trust*（《欧盟委员会 人工智能白皮书——追求卓越和信任的欧洲方案》）	2020年
德国	联邦政府人工智能战略	2018年
法国	人工智能战略	2017年
英国	人工智能行业新政	2018年
印度	人工智能国家战略	2018年

在这次人机大战前，AlphaGo母公司谷歌曾说："从很多方面来讲，创造AlphaGo更像人类在驯化猎犬，而不是制造机械工具。"因此，无论怎么看，这次围棋人机世纪大战都是人类的胜利，只不过这只人类驯化的"猎犬"的捕猎能力超过了所有人类猎手而已。此外，这次人机大战在学术界产生的影响是深远的，在计算机完美信息博弈项目中，人类已经不再是计算机的对手，人类今后在这个领域要学会与人工智能共舞，这也标志着计算机博弈发展新的里程碑诞生了。

（三）AlphaGo Lee后的新版本

2016年1月27日，谷歌旗下DeepMind团队在《自然》杂志发表论文*Mastering the Game of Go with Deep Neural Networks and Tree Search*[4]（《通过深度神经网络和树搜索来征服围

棋》），翻开了围棋人机大战历史性的一页。该篇论文称，早在2015年10月5—9日的比赛中，AlphaGo就以5：0的比分战胜欧洲围棋冠军樊麾，这是围棋人机大战历史上计算机首次战胜职业围棋选手。为进一步测试AlphaGo，2016年3月9—15日在韩国首尔举行的人机围棋大战中，AlphaGo Lee 以4：1的比分战胜李世石。此后，DeepMind依据AlphaGo Lee版本与李世石的对战经验，进一步改进AlphaGo。2016年12月29日，AlphaGo威名还未散去的时候，几个知名围棋对战平台上出现了一个名为"Master"的神秘棋手，轮番挑落中国、日本、韩国围棋高手，并在2017年1月3日晚间战胜世界围棋顶尖棋手柯洁，此后还击败世界冠军古力，其连胜纪录达到恐怖的60：0。正当人们猜测此神秘棋手的身份时，DeepMind团队发表正式声明，宣称Master就是AlphaGo Lee的最新升级版本，从此一个更为强大的AlphaGo新版本产生了。Alpha系列的主要版本变迁如表2-3所示。

表2-3　Alpha系列的主要版本变迁列表

时间	版本号	硬件资源	标志性成绩	备注
2015年10月	Fan	内置1 920个CPU和280个GPU	5：0打败欧洲围棋冠军樊麾	首个不让子并击败职业棋手的围棋程序
2016年3月	Lee	176个GPU和48个分布式TPU（tensor processing unit，张量处理器）	4：1打败围棋世界冠军李世石	树立人工智能新里程碑

续表

时间	版本号	硬件资源	标志性成绩	备注
2016年底—2017年5月	Master	4个TPU	60：0线上打败中国、日本、韩国围棋高手	
			3：0打败中国围棋第一人柯洁	
2017年10月	Zero		碾压人类棋手	训练72小时后以100：0打败Lee版本、训练40天后打败Master版本
2017年10月	AlphaZero		跨界挑战其他项目	使用了深度强化学习算法和自博弈术。它以60：40打败AlphaGo Zero版本，而且自学对弈规则，训练2小时打败日本将棋冠军程序Elmo，训练4小时打败国际象棋世界冠军程序Stockfish

在2017年5月中国乌镇·围棋峰会上，世界排名第一的围棋冠军柯洁接受AlphaGo Master版本的挑战，最终柯洁以0：3的比分落败，再次验证了AlphaGo的能力。在这场比赛后的发布会上，DeepMind宣布AlphaGo“退役”，即不再与人类棋手进行比

赛，但团队仍会继续开展相关的研究工作。

2017年10月，DeepMind团队再次发布了一个升级版Zero版本，该版本不具有之前的Fan、Lee、Master版本所拥有的人类对局知识、棋手专家知识，而是从“零知识”开始利用AI训练AI的自博弈方式进行训练，打败了之前的所有前期版本。其中，Zero版本经过3天训练，以100：0的比分战胜Lee版本，经过40天训练，以89：11的比分击败Master版本（图2-3）。此后，DeepMind团队将AlphaGo Zero具体细节以论文*Mastering the Game of Go without Human Knowledge*（《无需人类知识就能称霸围棋》）[5]发表在《自然》杂志上。该篇论文中介绍，Zero版本经过40天训练后，打败了AlphaGo之前所有版本。更为重要的是，Zero能够通过自学，掌握对弈规则，经过2小时训练打败日本将棋冠军程序Elmo、4小时训练打败国际象棋世界冠军程序Stockfish，这大有通吃棋类、碾压人类之势！

在短短的24个月内，AlphaGo从Fan版本，到Zero版本，打遍天下最强围棋棋手，无疑取得了巨大的成功，其成功归结于机器学习与人工神经网络相结合而产生的深度学习算法，以及谷歌设计的并行计算系统与TPU专用芯片所构成的强大算力支持，也就是深度学习算法、算力和数据三位一体的有机融合。从此，AlphaGo Zero版本使用的深度强化学习算法及其自博弈方法，开始深刻影响着人工智能发展，也被广泛应用于不同的场景，并取得了不少应用成果，人工智能发展进入高潮。

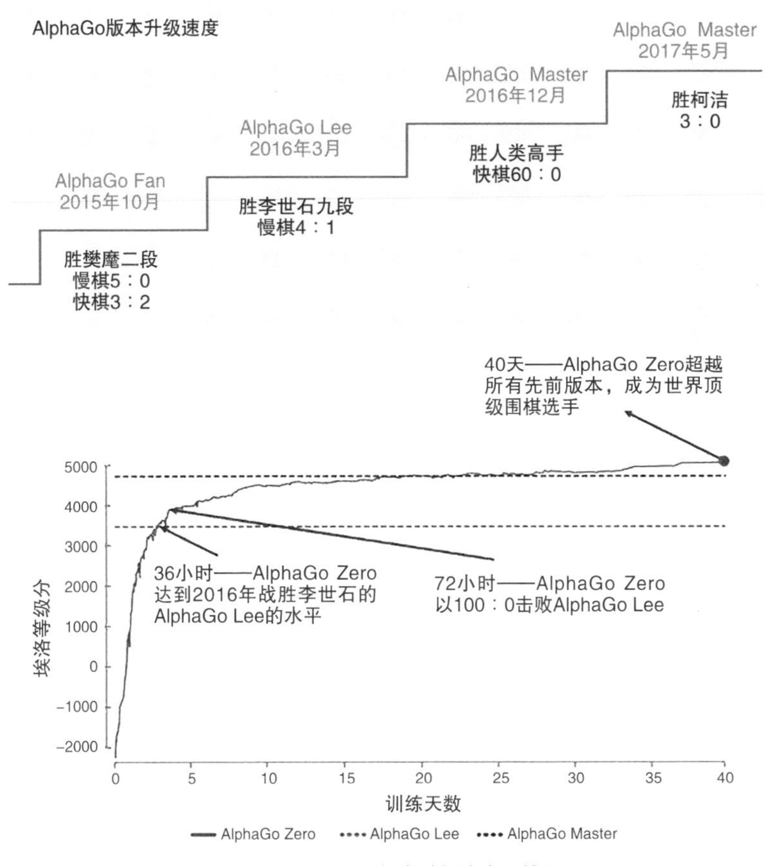

图2-3　AlphaGo版本升级速度及效果

（四）AlphaStar星际争霸Ⅱ程序

有人质疑AlphaGo只会下棋，难以应用于其他领域，比如应用于非完美信息博弈的其他人类游戏领域。为此，DeepMind团队针对星际争霸Ⅱ游戏开发了AlphaStar人工智能程序。AlphaStar是AlphaGo Zero版本的后继者，是一个“从零开始学

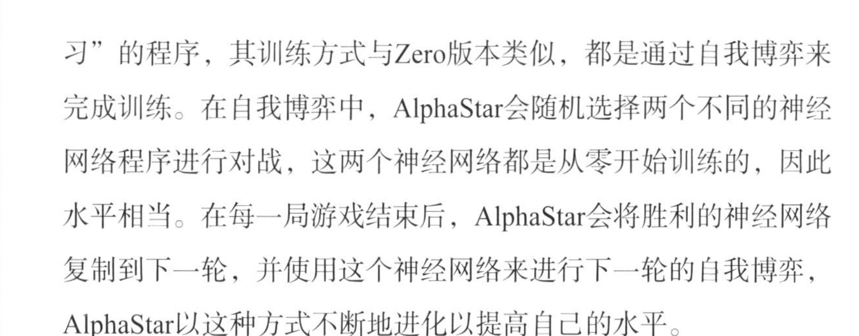

习”的程序，其训练方式与Zero版本类似，都是通过自我博弈来完成训练。在自我博弈中，AlphaStar会随机选择两个不同的神经网络程序进行对战，这两个神经网络都是从零开始训练的，因此水平相当。在每一局游戏结束后，AlphaStar会将胜利的神经网络复制到下一轮，并使用这个神经网络来进行下一轮的自我博弈，AlphaStar以这种方式不断地进化以提高自己的水平。

但是，星际争霸Ⅱ与围棋不同，它是一个实时性极强的即时战略游戏，需要玩家在有限的时间内做出实时性决策。这使得AlphaStar训练更加困难。为解决这个问题，DeepMind使用了一种称为“多步骤强化学习”的技术让AlphaStar在有限时间内做出最佳决策。“多步骤强化学习”是一种基于奖励的学习方法，在学习中，AlphaStar会根据当前状态和可用动作来选择下一个动作，随后会获得奖励或惩罚，再根据获得的奖励或惩罚来更新自己的策略，并在下一次选择动作时使用新策略，从而不断实现自我更新、升级，最终提升自身战力。

AlphaStar的成功表明，从围棋到星际争霸Ⅱ，从“零知识”开始，机器学习算法的核心框架可以被迁移到不同应用领域并取得成功。这种算法的核心框架支持自我博弈训练，通过“多步骤强化学习”解决了实时策略游戏中的问题。这个成功应用实际上为大规模的工业化应用打下了坚实基础，也给计算机博弈的未来发展带来更多的可能性。

二、计算机博弈中的AI密码

在人工智能以“深蓝”计算机和AlphaGo程序分别战胜世界国际象棋冠军和世界围棋冠军，树立了两个人工智能的里程碑后。人工智能的发展没有止步，而是继续开拓着计算机博弈的新疆域，人们分别瞄准了难度更大的德州扑克牌类游戏，以刀塔（Dota2）、王者荣耀为代表的电竞游戏，以及人们耳熟能详的麻将游戏，它们的成功都将是人工智能发展成果的新标杆。这就是本节将介绍的主要内容。

（一）德州扑克人机大战：AI的新里程碑

在计算机博弈中，通常按照对弈方能否完全看见对方信息为依据，将博弈划分为完美信息博弈和非完美信息博弈。象棋、围棋都属于完美信息博弈类型，而牌类属于非完美信息博弈类型，上一节介绍的星际争霸Ⅱ也属于非完美信息博弈游戏。由于两次人机世纪大战都选择了完美信息博弈，人们又开始质疑，人工智能在非完美信息博弈领域的游戏中是否还能胜出？谷歌的AlphaStar应该说已经小试牛刀，初步展露了人工智能的锋芒，但还不足以消除这样的质疑。为此，研究者开始瞄准一种非常流行的游戏——德州扑克，它属于非完美信息博弈，玩家至少2人，彼此之间不能完全知道对手的手牌和下一张公共牌，需要根据有限信息做出策略性的决策，以最终赢得的筹码数量判定输赢。

显然，这对于人工智能来说是一个全新的挑战，需要面对团队协同性、不确定性、随机性、对抗性等多重挑战。长期以来，计算机科学家一直努力研发能够在德州扑克上超越人类的人工智能系统，也取得了一系列令人瞩目的成就，展示了人工智能在非完美信息博弈上的进步。一些德州扑克人工智能系统的代表作品有：

1. DeepStack

2016年，DeepStack由加拿大阿尔伯塔大学、捷克查理大学和捷克理工大学的研究团队开发，它是第一个在无限制德州扑克上达到专业水平的人工智能系统。它使用深度神经网络和反向归纳法来实现实时策略计算，能够根据当前局面动态地调整自己的行动。2017年，DeepStack与33名职业玩家进行了一对一无限下注的4万多手牌的德州扑克人机对战，最终以统计学上显著的优势获得全部胜利。

2. Libratus

2017年，Libratus由美国卡内基梅隆大学之前开发的Claudico程序升级而来，它是第一个在无限制德州扑克上与世界顶级玩家进行正式比赛，并取得胜利的人工智能系统。它使用一种新颖的算法框架，将博弈过程划分为3个阶段——预先计算、实时搜索和后期分析，并利用超级计算机进行大规模的并行计算。2017年，在12万手一对一不限注比赛中，Libratus与4名人类顶尖德州扑克选手进行了对战，最终以巨大的优势获胜。

在Libratus程序中，卡内基梅隆大学研究人员采用“纳什均衡”策略，着重识别没有希望的策略，以更快地发现纳什均衡点，在经过训练后，Libratus能够忽略那些糟糕的策略，从而提升博弈效率。

3. Pluribus

2019年，Pluribus由美国卡内基梅隆大学和Facebook共同研发，它是第一个在多人无限制德州扑克上超过人类顶级选手水平的人工智能系统。Pluribus使用一种新颖的自博弈算法，通过与自己进行大量模拟对战来生成策略，并使用一种有效的搜索算法来处理实时决策。在2019年，Pluribus与世界顶级玩家进行了“5个AI加1个人类顶尖牌手”和“1个AI加5个人类顶尖牌手”两种形式的不设限的德州扑克人机对战，最终Pluribus都以统计学上显著的优势获胜。

在此之前，人工智能系统面临着这样的难题，即在2个以上玩家参与的游戏中，纳什均衡存在着计算结果不确定导致的有效计算困难或计算求解失败的问题。为应对这一难题，Pluribus采用自对战加实时搜索的复合技术。通过自对战，Pluribus输出整个对战中的蓝图策略。其实，AI系统是从零开始学习的，一开始也是完全随机的行动，随着牌技的提升，逐渐学会选择更好的出牌策略，选择各类行动概率分布中能产生更好结果的博弈行为。Pluribus使用的自对战版本是蒙特卡洛算法的迭代改进版，通过实时搜索来确定针对其特定情况下更好、粒度更细的策略，从而改进蓝图策略。

以上3个系统都展示了人工智能在德州扑克上的惊人能力，也为其他非完美信息博弈领域提供了启发和借鉴。Pluribus实现了人工智能在多人游戏中战胜人类的新胜利，成为人工智能团队协作的一个新里程碑，让人们看到人工智能在解决复杂问题上的巨大潜力，而且，Pluribus德州扑克程序的成功表明，在大规模、复杂的多人不完美信息博弈环境中，精心构建的带搜索的自对战算法，可以产生优秀的策略，同时也表明只需少量资源的新方法，也可以推动人工智能前沿研究工作，并非要像AlphaGo那样需要庞大的算力资源才能取得成功。

（二）OpenAI电竞游戏Dota2的AI新高度

Dota2（即刀塔）是一款由Valve开发的多人在线对战游戏，其以高度策略性和竞技性吸引了全球数以千万计玩家，其复杂性和随机性使得其成为人工智能领域极具挑战性的研究对象。在刀塔游戏中，有2支队伍，每队各5名玩家，每个玩家选择不同的英雄角色，通过合作、战术、技巧来摧毁对方基地。因此，刀塔是计算机博弈领域中一个不同以往的全新博弈领域，刀塔中人工智能系统的发展历程大致可以分为以下3个阶段：

第一阶段：基于规则的人工智能系统。它是由Valve官方提供的，主要根据预设的规则和条件来决定行动。例如，攻击最近的敌人、使用技能、购买物品等。该人工智能系统的优点是简单易实现，缺点是缺乏创造性和适应性，无法应对复杂和多变的游戏情况。

第二阶段：基于深度学习的人工智能系统。它由OpenAI开发，主要依靠深度神经网络来学习和模仿人类玩家的行为。例如，选择英雄、移动、攻击、使用技能等。该人工智能系统的优点是能够自主学习和进化，缺点是需要大量的数据和计算资源，而且难以解释其内部原理。

第三阶段：基于强化学习的人工智能系统。它也是由OpenAI团队开发，主要依靠强化学习算法来训练和优化自己的策略。该人工智能系统的优点是能够自我调整和适应，而且能够在不同的游戏模式和规则下进行转移学习，缺点是需要更多的时间和尝试，而且可能出现不符合人类道德和逻辑的行为。

OpenAI Five于2019年成功地击败世界顶级的刀塔职业玩家队伍，并在2019年向公众开放与其对战的机会。人工智能在网络游戏这个计算机博弈新领域取得了令人瞩目的成就。这些成就不仅展示了人工智能在刀塔这样一个高维度、高不确定性、高协作性网络游戏中的潜力和可能性，也为人工智能在其他领域（如医疗、教育、军事等）的应用提供了新的思路与启示。

（三）微软麻将Suphx的AI新战场

2019年6月，微软发布在麻将博弈游戏中取得重大突破的消息：麻将AI程序Suphx在国际知名专业麻将平台“天凤”上荣升十段[6]。在全球范围内，现役十段人类选手也只有十几位。Suphx取得的“十段”成绩，大致可相当于围棋博弈中AlphaGo战胜世界围棋冠军李世石九段。Suphx在“天凤”平台特上桌和其他玩家对战5 000多场，达到该桌的最高段位十段，稳定段位达到八段左右，超过平台上另外2个知名AI，达到顶级人类选手的平均水平。

麻将是一种起源于中国的休闲游戏，原本是属于皇家和王公贵胄的游戏。麻将基本规则简单，但是玩法多变，搭配组合形式灵活，流行于中国、日本等多个国家。2017年，麻将被国际智力

运动联盟列为第六项国际智力运动。一副完整的麻将由序数牌、字牌以及花牌组成，共计144张。依据麻将牌的组成、数目以及具体规则，麻将玩法分为许多种类。根据不同地方民俗特点，中国麻将玩法分为四川麻将、广东麻将、云南麻将、晋中麻将、台湾麻将等诸多种类，由此可以看出麻将在玩法上的复杂性。麻将游戏是一个四人游戏，以“万、筒、条”为三种基础花色，有的地方还有“东、西、南、北、中”等花字，构成如图2-4所示的麻将，麻将的“吃、碰、杠”等操作常常会打乱麻将出牌顺序，从而造成麻将游戏出牌顺序的随机性，也为实时性决策带来困难。

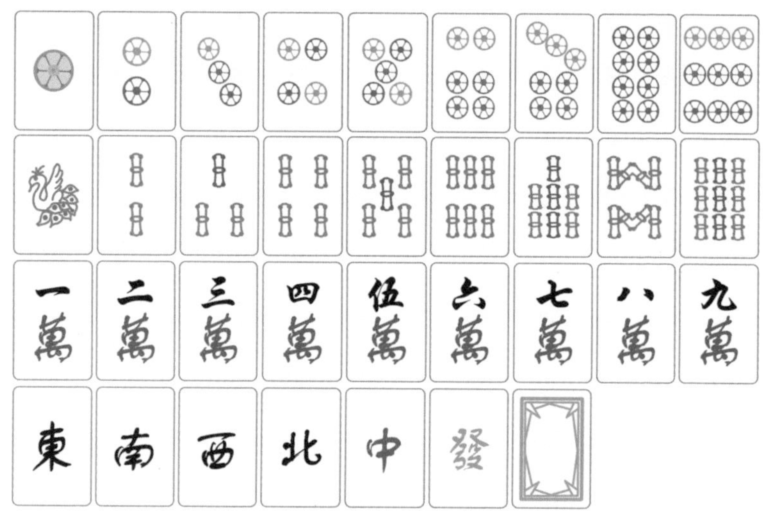

图2-4　麻将牌

20世纪50年代，诺贝尔经济学奖得主约翰·纳什在博弈论发展过程中提出了动态博弈。序贯博弈是动态博弈的一种典型形式，指每个决策者按顺序做出选择，前一位决策者不知道后一位决策者会做出什么决策，但后一位决策者知道前一位决策者所做的决策。序贯博弈可以用博弈树表示，每个节点代表一个决策者的选择，每条边代表一个可能的行动。在序贯博弈中，参与者不仅要考虑自己所处的环境，还要考虑其他参与者如何调整自己的策略。在计算机博弈领域，序贯博弈主要用于解决多人博弈、序贯决策和即时策略等问题，序贯博弈的典型应用场景包括棋牌类游戏，以及诸如自动驾驶、无人机控制、智能电网场景等。序贯博弈包含对弈方、博弈行为、博弈信息、对弈策略和博弈收益5个要素。因此，麻将作为一种不完美信息博弈，具有多个玩家、多个阶段且序贯交互可中断的特点。

麻将每局对弈通常由多圈对弈过程构成，在不同阶段，同一博弈方的前次决策会对下次决策产生影响，而同一个阶段内不同博弈方的前位博弈方的决策对后位博弈方的决策也会产生影响，并且在麻将博弈中，任何博弈方的“吃、碰、杠”等操作，都会打乱博弈顺序，使某博弈方可能数轮中都没有摸牌、出牌的机会，造成其决策权被中断，当然也会导致其他博弈方的对弈进程被加快。首先，在麻将博弈游戏中，最终输赢不在于单回合的输赢，而在于多回合输赢的累计，所以高手可能会策略性地输掉一些对局。其次，麻将博弈中牌墙和对手手牌中，隐藏的信息多，造成己方决策大幅受限。最后，麻将出牌的顺序受“吃、碰、杠”等操作的影响而存在不确定性，致使博弈树构建困难、博弈模型难以建立。为此，微软采用的解决方案是采用监督学习、强化学习、蒙特卡洛树搜索（Monte Carlo tree search，MCTS）3种技术，通过监督学习训练模型，再用训练后的模型进行自我博弈，以此不断更新麻将博弈策略。具体来讲，就是Suphx引入了全局奖励预测、先知导引（oracle guiding）、参数化蒙特卡洛策略调整等3个技术模块，而在学习方法上又设计了三大步骤：①通过监督学习，使用从“天凤”平台收集的顶级玩家对弈数据，训练Suphx的5个模型［即Discard（舍牌）、Riichi（门清）、Chow（吃）、Pong（碰）和Kong（杠）］；②通过自我博弈、强化学习来改进模型并将这些模型作为下个阶段的博弈策略；③在线上游戏对弈中，利用自我博弈得到的新策略，调整当次的新对弈策略，以获得更好的效果。以此循环迭代，最终收获Suphx最佳博弈AI。其实，麻将博弈AI的发展历程大致经历了3个阶段：

1. 第一个阶段——基于规则的麻将AI

它主要依靠人工设计的启发式规则进行决策。例如，根据手牌形态、进张数、听牌率等指标来评估各种打法的优劣。此类AI优点是容易实现和理解，缺点是难以适应不同的打法风格和计分规则，也难以捕捉到麻将中的隐含信息，无法评估人类对弈方的心理因素。

2. 第二个阶段——基于机器学习的麻将AI

它主要利用机器学习算法，在人类打牌的大量数据基础上学习获得有效策略。例如，使用分类器、决策树、神经网络等模型，预测各种打法的收益。此类AI优点是能够模仿人类高手打法，缺点是需要大量的高质量数据，且容易受到数据噪声和偏差的影响。

3. 第三个阶段——基于深度强化学习的麻将AI

它主要利用深度强化学习算法，通过自我博弈或与其他AI、人类选手的博弈，不断提升自身决策能力。例如，使用深度残差网络、分布式训练、在线策略自适应等技术，优化各种打法的长期收益。此类AI优点是能够超越人类高手的水平，缺点是需要大量的计算资源，也面临着计分规则复杂、多人非完美信息博弈、决策类型多等难题。

微软麻将Suphx取得成绩的重要意义在于：面对更多高度复杂的现实挑战，尤其是智能交通、金融市场等容易受到随机突发状况影响的场景，人工智能也能帮助人们解决难题。

（四）腾讯王者荣耀的群体智能新高度

王者荣耀是一款由腾讯组织开发的多人线上竞技游戏，拥有数亿的玩家和丰富的英雄角色。在这样一个复杂的游戏环境中，如何让人工智能与人类玩家进行高水平的对抗，是一个极具挑战性的研究课题。腾讯于2022年11月上线王者荣耀的“王者绝悟”游戏模式，提供了智能助手小妲己和英雄练习场2种人机对抗新玩法，以及许多丰富的奖励活动，吸引了许多玩家参与其中，但许多玩家发现他们打不过这个人机模式，而且发现该模式下的AI操作精妙、配合默契。说得形象点，“王者绝悟”就是会打游戏的王者荣耀版AlphaGo。可以从以下两个方面比较王者荣耀与围棋的博弈难度：

①在博弈规则上，围棋的规则简单明了，即一对一博弈中以所围棋盘网格节点上棋子数更多者为获胜方，而王者荣耀的规则看起来也很简单，即摧毁对手的水晶就能获得胜利，但这是一对多、甚至是多对多玩法，存在多个人或多个AI之间的协作难题。多个AI协作需求的出现，将王者荣耀AI研发的难度提升了若干个数量级。

②在博弈环境上，王者荣耀博弈场所的地图远比围棋棋盘复杂。围棋棋盘的每个网格节点只有空位、黑子、白子三种可能性，但是王者荣耀的地图节点状态会依据对应角色不同而改变，使用道具进一步产生的动作、玩法的不同和地图上不同网格节点的角色存在行为的随机性，会衍生出更多的状态，所以说王者荣耀的复杂度远高于围棋，这也是到目前为止，在策略游戏领域，星际争霸Ⅱ的AlphaStar、刀塔的OpenAI Five这两款全球最杰出的AI都不能绝对战胜人类智能的原因所在。

与此同时，由于游戏的“游戏地图”可以变换成现实中一些实际场景，比如抢险、交通控制、金融博弈、战争等，王者荣耀这类游戏还可以作为计算机博弈“多智能体协作”标准研究平台，甚至作为“通用人工智能”的研究平台。由此可见，开展王者荣耀这类非完美信息、高动态、强实时、超复杂场景的计算机博弈群体智能研究具有极为重要的研究价值和实际意义。

为应对这些挑战，腾讯创新性地提出了人工智能分级宏观策略的多任务模型，通过分级宏观策略模型的训练，王者荣耀AI明确地制订了宏观战略决策，并进一步指导AI的微观执行层，此外，每个AI都可以独立做出决策，同时通过一种新颖的模仿交叉通信机制实现与盟友的实时通信。在技术上，王者荣耀AI采用基于深度强化学习和自适应分布式训练的算法框架，将整体算法划分为英雄层和团队层2个层次，其中英雄层负责每个英雄角色的操作和决策，团队层负责整个团队的协调和配合。英雄层使用了基于演员-评论家结构的深度强化学习算法，通过不断地与自己或其他AI进行对抗性训练，持续提升自身对抗能力；团队层使用了基于中心化学习–分散执行原则的深度强化学习算法，通过一个中心化的评论家网络，评估整个团队的行为收益。

为游戏场景所提供的具备自主决策、高度协作能力的AI，及其强化学习算法，不仅对游戏本身有重要意义，而且对研究人工智能与现实世界中复杂问题的解决方法同样具有重要的应用价值。事实上，腾讯的AI实验室构建了一个多AI与复杂决策开放研究平台，依托王者荣耀在算法、算力、实验场景方面的核心优势，为学术研究人员、算法开发者提供国内领先、国际一流的群体智能研究与应用探索平台，腾讯因此也在全球人工智能研究领域占据了极其重要位置。

三、中国的计算机博弈

我国的计算机博弈发展较国外相对滞后，在2003年左右，在东北大学徐心和教授带领下，国内学者开始涉足计算机博弈研究领域，并以中国象棋为突破口，取得了优异成绩。此后，在2006年人工智能诞生50周年纪念活动中，举办了“浪潮杯”首届中国象棋人机大战和首届中国计算机博弈锦标赛，并于2007年成立了中国人工智能学会机器博弈专业委员会，我国的计算机博弈开始了快速发展。

（一）中国象棋“棋天大圣”人机大战

正如前文所述，国外的计算机博弈活动开展得如火如荼，早在1977年就创立了国际计算机博弈协会（international computer games association，ICGA），该协会旨在促进计算机游戏技术与文化的发展，主要活动包括举办计算机游戏国际比赛、发表与计算机游戏相关的论文和研究成果、开发计算机游戏人工智能等，是一个非营利性的组织，它对于全球计算机游戏的发展起着重要的推动作用。

在中国，计算机博弈虽然姗姗来迟，但是发展非常迅速，这与东北大学徐心和教授的大力推动密不可分。作为中国机器博弈事业的开拓者，徐心和教授自2003年便开始从事中国象棋的计算机博弈研究工作，并于2004年创建东北大学“棋天大圣”中国象棋代表队，2007年筹建中国人工智能学会机器博弈专业委员会。

2006年8月，徐心和教授在北京科技馆组织了人工智能诞生50周年纪念活动——“浪潮杯”首届中国象棋人机大战和首届中国计算机博弈锦标赛。在人机大战中，邀请了柳大华、张强、汪洋、徐天红、卜凤波5位中国象棋特级大师，最终以“棋天大圣”为代表的计算机程序以11：9的总比分打败了5位中国象棋特级大师，树立了中国计算机博弈的里程碑。首届中国计算机博弈锦标赛的参赛者后来成为我国计算机博弈领域的中坚力量。

在徐心和教授带领下，东北大学“棋天大圣”中国象棋代表队不仅获得2006年首届中国计算机博弈锦标赛冠军，而且连续两年获得ICGA举办的中国象棋世界冠军。尽管“浪潮杯”首届中国象棋人机大战没有掀起预期的人工智能热潮，但是，推动了中国计算机博弈活动的开展。

（二）中国大学生的计算机博弈活动

机器博弈中一些里程碑事件，如1997年IBM“深蓝”战胜世界棋王卡斯帕罗夫、2006年“棋天大圣”打败中国象棋冠军、2016年谷歌AlphaGo战胜世界冠军李世石（图2-5）、2017年德州扑克程序战胜人类顶尖高手等，不断震惊世界，每一次突破都是人类科学技术发展的重要节点，极大推动了人工智能的快速发展。

在中国台湾，计算机博弈领域的研究开展早、影响深、成效大，比如2005年，台湾交通大学吴毅成教授为解决五子棋禁手和弥补公平性问题，发明了六子棋博弈项目，IBM“深蓝之父”许峰雄、AlphaGo程序的“手臂”黄世杰等学者都直接参与了这些人工智能的里程碑事件。

图2-5　AlphaGo围棋比赛

为了推动中国计算机博弈事业发展，徐心和教授率领全国多所高校创建了中国人工智能学会机器博弈专业委员会，将每年组织一次全国计算机博弈锦标赛暨全国大学生计算机博弈大赛作为其重要工作任务，与此同时还开展了计算机博弈培训工作、博弈学术论文征集与交流活动，为国内博弈爱好者和科研人员搭建了一个竞赛、技术、学术的交流平台，有力促进了计算机博弈技术在我国的快速发展。截至2022年，机器博弈专业委员会拥有近8 000名会员、参与高校或研究机构近百所，是中国人工智能学会的优秀专业委员会。2022年8月5—8日，由中国人工智能学会和教育部高等学校计算机类专业教学指导委员会联合主办，成都理工大学、重庆理工大学共同承办，竞技世界（北京）网络技术有限公司和中国人工智能学会机器博弈专业委员会协办的2022年“竞技世界杯”中国大学生计算机博弈大赛暨第十六届中国计算机博弈锦标赛成功举行。受新冠肺炎疫情影响，2022年是第3次在线上举行全国决赛，2022年报名参加此项比赛的全国高校、机构超过660所、报名队伍突破2 000支，最后经过校赛、省赛选拔后参加全国决赛队伍超400支。其中，中国计算机博弈锦标赛是面向全社会的竞赛，而中国大学生计算机博弈大赛只面向在校大学生，2个竞赛的项目设置如表2-4所示。按照机器博弈专业委员会对计算机博弈竞赛的设想，设置项目库机制，为控制竞赛总体规模，每年从项目库选择不超过20个项目开展全国比赛，项目库进行周期性更新，接纳一些区域性、对抗性、技术性突出的项目入库，比如在华东地区流行的掼蛋、在川渝地区流行的成都麻将等。同时，为建立计算机博弈竞赛体系，从2022年起，机器博弈专业委员会还设置了面向全社会的计算机博弈创意创新赛道，参赛作品可以是方案、论文、文创作品等，以此培育国内计算机博弈创新文化氛围，推动我国计算机博弈事业发展。

表2-4　2022年中国人工智能学会计算机博弈竞赛项目表

中国大学生计算机博弈大赛项目（共10个）	中国计算机博弈锦标赛项目（共9个）
五子棋、六子棋、点格棋、苏拉卡尔塔棋、亚马逊棋、幻影围棋、不围棋、爱恩斯坦棋、军棋、海克斯棋	中国象棋、围棋（19路）、国际跳棋（100格）、国际跳棋（64格）、二打一扑克牌（斗地主）、桥牌、德州扑克、久棋、大众麻将

（三）计算机博弈平台

博弈问题无所不在，从小孩之间的游戏、争辩，到大人之间的在各种场合中的谈判，再到商家之间的价格竞争和国家之间的外交、真枪实弹的战争等，可以说有利益冲突的地方，博弈就可能成为化解矛盾的一种解决方式，而博弈的行为规划、算法设计、对策抉择等，就成为博弈的焦点。博弈问题本身具有科学和工程两种属性，其中科学属性涉及智能的本质、内在机制等问题，工程属性涉及技术、实施、方法等问题。因此，开展博弈研究表面上可能是研究算法、机制，其实内在还需要数据、流程、设计、编码、测试、分析等系列工程实施过程支撑，这无形中为想参与博弈研究工作的爱好者设立了一个较高的门槛，也是计算机博弈推广面临的难题。

实际上，一个完整的棋牌类博弈游戏包含了 5 大关键性要素（图2-6），即至少有 2 个对抗主体、博弈规则、博弈行为、博弈着法、博弈收益。如果对抗主体全部是计算机，就是计算机与计算机的博弈（机机博弈）；如果一方为计算机、另外一方为人，就是人与计算机的博弈（人机博弈）；如果双方是人，那就是传统意义上的人人博弈。为了在全国推广计算机博弈活动，中国人工智能学会机器博弈专业委员会针对在校大学生、社会爱好者开发了系列计算机博弈平台，目的是为参与者直接构建相应的博弈AI提供应用开发接口，让参与者将主要精力放在智能本身的算法、策略、体系的研究上，为研究者降低相应的工程技术难度，减少工作量，同时为参与者构建相应社区，推行可行的棋牌谱、发布棋牌谱数据集，以促进研究与交流。目前，机器博弈专业委员会已经建立了如桥牌、斗地主、德州扑克、大众麻将、军棋、围棋、幻影围棋等竞赛平台，为全国大学生、社会爱好者提供了机机博弈平台，吸引了近百所高校、科研机构的大学生、研究人员投身其中，为中国计算机博弈事业发展奠定基础。

图2-6　博弈游戏的五大要素[7]

有专家、学者说“计算机博弈就好似人工智能研究的果蝇[①]”。这是因为在科学研究工作中，需要研究载体，而这个载体还需具备易于获得、易于控制、成本可控、与研究目标高度相关等特点，从研究、模拟、仿真人类智能角度来讲，棋牌类游戏具备所需的全部特点，即棋牌类游戏具备了成为人工智能标准研究平台的诸多属性。而且，将棋牌游戏作为研究载体，对人才培养也具有不可忽视的重要作用。因为这是以青少年喜闻乐见的、具备高对抗性的棋牌类游戏为载体，竞赛规则透明、胜负立判，而学生通过直接参与“教会”计算机下棋、打牌、打麻将等活动，既能培养科学素养和专业实践技能，又能调动对人工智能的研究热情、激发创新潜能。所以说，在人工智能研究中，计算机博弈越来越多地发挥着果蝇的作用，机器博弈专业委员会及其组织的中国大学生计算机博弈大赛、中国计算机博弈锦标赛，以及建立的多个棋牌类游戏计算机博弈平台，为全国高校、研究机构、计算机博弈爱好者，搭建竞技、切磋和科学研究平台，为我国人工智能人才培养提供强有力支撑！

（四）更广泛的机器博弈

AlphaGo围棋程序一鸣惊人，让全球直观地看见人工智能的强大威力与潜力，也促使围棋软件成为陪练、教练，走进了围棋选手的日常训练。甚至有选手直接或间接表示“如果没有人工智

① 果蝇因其结构简单、生活周期短、培养简单、基因组小、实验风险可控等特点，常被作为实验载体，在生物以及医学领域的科学研究中发挥着重要作用。

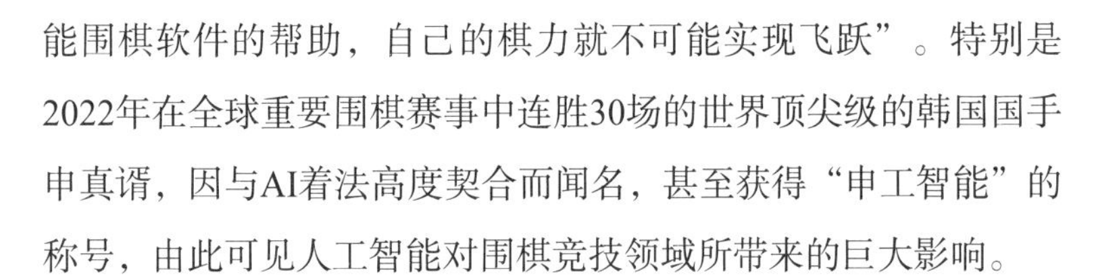

能围棋软件的帮助，自己的棋力就不可能实现飞跃”。特别是2022年在全球重要围棋赛事中连胜30场的世界顶尖级的韩国国手申真谞，因与AI着法高度契合而闻名，甚至获得“申工智能”的称号，由此可见人工智能对围棋竞技领域所带来的巨大影响。

实际上，在深度强化学习等人工智能的各类算法与技术的持续加持下，以“AI训练AI”正在成为各种应用场景的常见模式，而且以计算机为基础的计算工具的各类机器装置，也加入博弈活动中，比如机器人比赛、无人驾驶汽车挑战赛、无人机航拍竞赛、无人机足球比赛、无人机竞速大赛、无人艇搜救大赛等，从而演绎成更为广泛的机器博弈。由此可见，机器博弈是计算机博弈的外延扩展，其内涵仍然是基于计算机的智能对抗，它是指以机器装置和程序为载体，以计算机为计算工具，通过模拟人类或其他生命体的各种博弈智能行为，帮助揭示智能的本质和内在机制，是人工智能的一个重要分支。之前的计算机博弈，主要选择各种棋牌类游戏为研究对象，是因为其具备游戏规则透明、信息完备、胜负易判等特点，适于用数学模型、算法来求解，棋盘类游戏本身所具有的高智能性、强对抗性、超娱乐性，也是吸引人们开展人工智能研究的重要理由。

博弈无处不在、博弈场景无处不在。除棋牌类游戏之外，在其他许多博弈场景中，对抗规则更具有模糊性、不确定性和随机性，博弈要素更为丰富。作为计算机博弈的扩展，机器博弈问题更为复杂，博弈结果的呈现也更为丰富多样，博弈问题变成典型的非线性多目标规划问题，这远比之前的计算机博弈问题求解难度大，如图2-7所示的兵棋推演，它利用计算机技术、通信技术、对策论、人工智能等多个学科的知识来模拟战争场景，分析各方战略、战术，优化行动选择并预测可能带来的结果与影响，为决策者提供参考和建议。兵棋推演还涉及政治、外交、军事、工业、经济、社会等多个层面，尤其是军事中战力、武器、后勤保障等多个方面，显然比计算机博弈对抗要素复杂许多，难度也大得多。目前兵棋推演在国内正从军事研究机构、军队院校逐渐向其他院校扩展，促进了博弈论、多AI协作、战争规划与调度、战场数字化与推理、机器学习等相关领域的研究与发展，提高机器的自主、协作、安全等能力，助力机器博弈的发展与应用[8]。

图2-7　运用兵棋推演论证战争的演进

另外还有商业谈判、无人机对抗等。这些问题涉及更多领域的知识，多层、多方的利益问题，以及多个目标和多种策略的优选，这是博弈领域的皇冠级难题。正是这些问题的存在对机器博弈提出了更高要求与挑战，也为机器博弈的发展和创新提供了更广阔的空间和机遇。

第三章

超乎想象的算法赋能

一、计算机博弈的关键技术

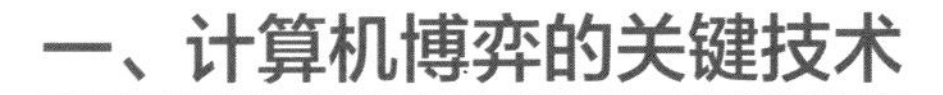

计算机博弈是指“教会”计算机与人类或其他计算机进行游戏对抗，是人工智能领域的一个重要分支，也是人工智能的一个标准研究平台。那么，对抗中的计算机是如何进行决策的？计算机又是如何不断提高自己的对抗水平的呢？为了回答这些问题，本节首先介绍在博弈活动中时间与空间互换的作用，了解博弈树概念及其α-β剪枝方法，再从不同角度探索分别侧重于时间和空间的博弈树剪枝方法、多线程方法，最后介绍基于数据的机器学习方法和基于规则的自博弈方法，进一步帮助读者探究博弈的本质。

（一）时空转换对博弈的作用

从前文可知，博弈这个词语本意是指民间下棋、打牌的竞争性游戏活动，延伸含义为竞争各方为获取利益所展开的系列斗智斗勇的行为。从学术上来讲，博弈是指在一定条件下都遵循约定的规则，由两个或两个以上理性的人或团队，从允许的集合中选择各自行为或策略，予以实施并各自从中获得收益的过程。因此，博弈的本质是在规则约束下各方的争利过程。此处的“利”可以是经济上的、物质上的、精神上的，也可以是空间上的、时间上的，前面3种“利”比较直观，容易理解，后面2种“利”就相对抽象，较难理解，这也是本节将要介绍的主要内容。

博弈中的一些人工智能技术，与时间之利、空间之利密切相关，为此，首先在此科普一下空间、时间概念及时空转换的意义和作用，以帮助读者较深刻地理解博弈的内涵。什么是时间？其实，时间就是指物质运动、变化的持续性、顺序性的外显形式，是人们用来描述物质运动过程或事件发生过程的一个指标，是物质运动周期变化的内在规律，在人们肉眼企及的范围，可以说时间是不受外界影响、干扰的，人们常常以地球自转过程作为时间的计量基础，这就是世界计时系统。之所以选择地球自转作为基础，是因为从古至今，人们通过观测天象，发现地球有黑夜与白天的循环，月球有阴晴圆缺的循环，而且地球也有太阳照射在同一位置的循环，从而分别产生了日、月、年的时间计量词（图3-1）。所以说，日、月、年本质上来讲就是以月球、地球在太阳系中的运动方式作为测量、定义不同时间的长度，由此可见，时间就具有时刻和时段2个含义。这就是物理学上著名的时间测量定义法，即以运动来测量时间。将时间作为博弈各方追求的利益目标，另一个根本原因就是所有人在时间面前，地位都是完

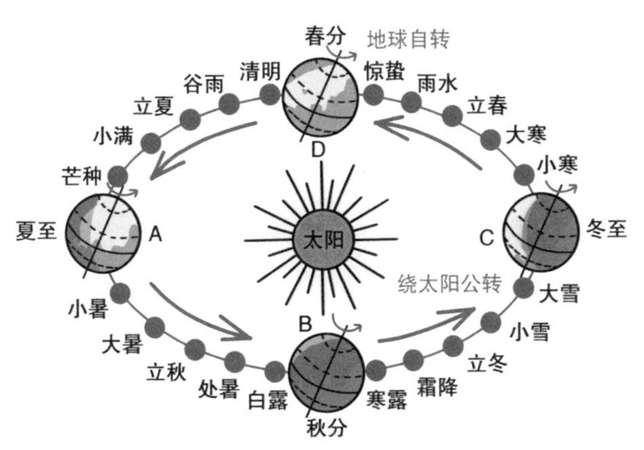

图3-1　年的时间度量示意图

全一样的，时间具有唯一性、公平性特征，失去后就无法逆转。

那什么是空间呢？“空间”一词源自拉丁文“spatium”，它是物体在人们感知系统中产生的物理尺寸、相对距离等关系所形成的客观存在。通常将长度、宽度、高度的立体大小作为空间度量尺度，常见的空间有宇宙空间、运动空间，以及虚拟的网络空间、数字空间等。事实上，空间与时间是相对存在的，它们本质上都与物质运动密不可分。为了证明这个观点，世界上不少著名科学家尝试阐述、论证时间与空间的关系，从不同角度作出了精辟解释。比如，阿尔伯特·爱因斯坦（Albert Einstein）基于时间测量定义法，发现了时间和运动之间的关系，推导出著名的相对论，并得出惊人的“时间就是空间”相对论时空观。再如，著名物理学家斯蒂芬·威廉·霍金（Stephen William Hawking），在他的科普著作《时间简史》中就提出了“时间是从宇宙大爆炸的那一刻才开始有的，宇宙大爆炸之前并不存在时间”。此外，早在2 000多年前我国春秋战国时期，诸子百家中有一名后来被尊称为“尸子”的学者尸佼，尸佼在自己的《尸子》著作中，就对宇宙进行简要定义：“四方上下曰宇、往古来今曰宙”，用现代语言的描述就是说空间是宇、时间是宙，宇宙就是时间与空间的集合体。

由此可见，从古至今，人们不断认识、理解时间与空间的关联性和等价性等关系。在博弈活动中，人们也常常将经济、物质、精神、时间、空间等5类指标作为追求目标，并且利用时间与空间的关联性、等价性，在不同博弈场景中，通过时间换空间或空间换时间等方法实现获利，从而衍生出许多著名方法，这就是本节所介绍的几种计算机博弈技术的基本思路。

（二）启发式α-β剪枝方法

计算机博弈目标是在规定的时间、确定的资源条件下，快速发现合适或者最优的、近似最优的策略。为实现这个目标，就需要设计一个高效的整体解决方案。在本书第一章介绍极大–极小算法时，将博弈过程比喻为一棵倒着生长的博弈树，博弈各方在这棵树中，按照时间先后顺序去发现对己方最为有利的着法。依据极大–极小算法思想，轮到己方行动时，只需要选择对己方最有利的着法，即局面评估值最大的着法，而轮到对方运动时，对方会选择对他最有利的着法，即局面评估中于对方最有利的就是于己方最不利的，也就是局面评估值最小的着法。由于博弈树通常非常庞大，目前计算机绝不可能在规定时间内遍历所有树枝，因此，就有必要对博弈树进行恰当剪枝，将没有必要的树枝剪掉，就如同果农对果树进行剪枝，以求果树收益最大化一样。支持对博弈树剪枝的方法有许多种，α-β剪枝方法是其中最常见的一种方法[9]。

下面以图3–2中对这棵3行、3列的博弈树进行搜索为例，介绍极大–极小算法与本节α-β剪枝方法的关系。从图3–2可知，甲方最终获得的最佳路径是A1—A2—A3，为获得这个最佳路径，可以通过反向倒推求得：第1步利用局面评估函数，计算这棵3×3博弈树中最底层的每个节点收益值，即图片最下面1层；第2步轮到甲方行动，甲方对最底层的收益值进行比较，甲方自然选择对自己最有利的，即局面收益值最大的着法（即20、50、50、

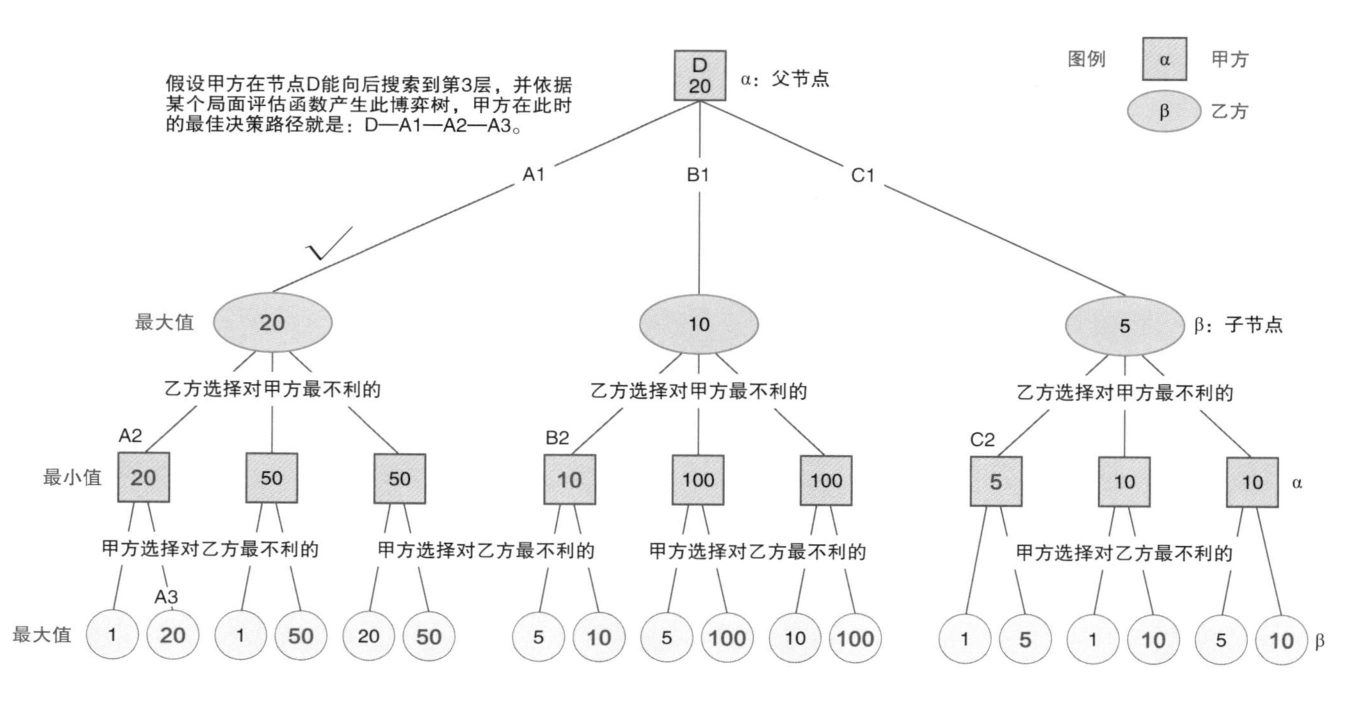

图3-2　博弈树极大-极小搜索示意图

10、100、100、5、10、10），从而构成倒数第2层各节点的收益值；第3步乙方行动，乙方自然会选择对自己最有利的，也就是对甲方最不利的着法（即20、10、5），这样从甲方角度来看，此时就是甲方收益最差，据此选择相应树节点，就构成倒数第3层局面；第4步是甲方行动，类似第2步的选择方法，甲方选择对自己最有利的路径A1；第5步以倒推方式获得甲方在节点D时看见的这棵博弈树的最佳路径：A1—A2—A3。

但此时，将会产生两个问题：一是局面评估函数构造问题，显然准确描述局面是十分困难的，就如一个棋手无法判断自己面临的是危险局面还是大好局面，这会影响到自己的行动选择，从而造成局面被动或者输掉棋局的后果；二是博弈树空间大小问题，正如本书第一章介绍香农极大-极小算法所提及的：国际象棋博弈树的空间复杂度高达10^{120}，即使使用计算速度达到百亿亿次级的超级计算机，也至少需要2.883×10^{92}年的搜索时间。面对如此庞大的博弈搜索空间，必须另辟蹊径，寻找解决办法。此时的方法之一是在计算能力范围内，努力发现近似最优解或者说某个局部博弈子空间的最优解。常见办法是此时假定一个节点总数，分别选择宽度优先或者深度优先策略。宽度优先是尽可能增加图中横向树节点数，深度优先是尽可能增加图中纵向树节点数，但无论是哪种优先策略，都直接与所使用计算机的算力密切相关。所以，尽可能选择计算能力强大的计算机就成为硬件首选条件。然后，依据局面评估函数，开始选择博弈树节点并求解收益值，此时假设评估函数求得的收益值是客观、准确的，再按照上述3×3博弈树的计算方法，求解最佳路径。

由于计算机计算能力的限制，通常无法穷尽博弈空间，遍历所有树节点。因此，常常会尽可能增大博弈空间，以便让获得的这个局部最优解更接近于真实的全局最优解。事实上，1956年人工智能先驱、图灵奖获得者约翰·麦卡锡提出了α-β概念，并在1961年发表一篇详细阐述该概念的论文，麦卡锡认为：下象棋过程中，不需要对所有可能的走步进行搜索，而只需对有价值的走步进行搜索。其基本思想是：假设博弈树节点最大收益值（max）为α节点、最小收益值（min）为β节点，依据国际象棋零和博弈特点，己方收获最大收益值时，对方就只能获得最小收益值，反之亦然。依据这个思想，如果出现“节点α的值≥父节点β的值”，或者“节点β的值≤父节点α的值”的情况，则可以对博弈树此节点以下的树枝进行剪枝。这个推理过程后来得到了数学证明，而且，通过剪枝显然可以极大地减少搜索空间和计算量，从而达到提高搜索效率的目的。如图3–3所示，最大的α节点值与最小的β节点值间是父子关系，父节点层以从子节点层搜寻的最大α节点更新最大值、子节点层也通过搜寻它的子节点层中的最小β节点更新最小值，而整个过程是从最低一层依次向上更新各个节点α的值或β的值（注：以轮次顺序对应为更新原则，轮到甲方走步时就更新α的值，轮到乙方走步时就更新β的值），从而逐层剪枝形成下图。

科学家通过研究发现，如果博弈树节点空间的排列是杂乱无章的，其搜索效果会受到极大的影响，也就是说α-β剪枝方法严重依赖于搜索顺序。假如这些节点能够按照某种顺序排列，比如按照α节点的值从大到小顺序排列的话，那么，剪枝效果就非常

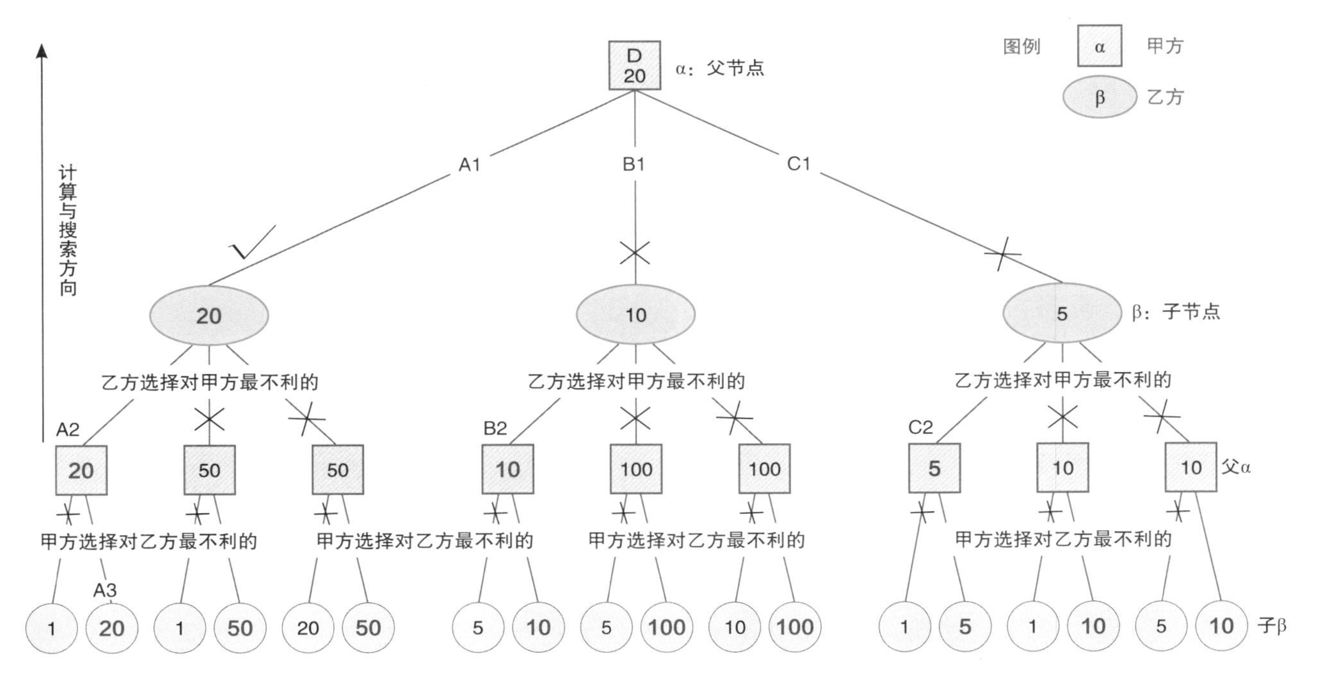

图3-3　博弈树的剪枝示意图

好；反之，如果按照α节点的值从小到大顺序排列的话，那么，剪枝效果就非常差。而且，后一种从收益最小的地方开始搜索，β剪枝常常不会发生，此时就与极大–极小算法一样了，最终可能需要遍历整个博弈树空间，使博弈搜索效率低下。因此，如果首先对博弈树的节点进行排序，再从己方最优向最差的方向进行搜索，这就是启发式搜索α-β剪枝方法的基本思想。在加入启发式方法后，搜索效率能够显著提高。启发式方法有许多种，常见的方法是借助人类先验知识来“启发”计算机，如建立开局、定式等知识库，将被验证的一些行动、定式植入其中，直接调用知识库，本质上也就剔除了其他搜索，达到剪枝、节约搜索时间等目的。图3–4为中国象棋的一个对局，黑方利用“双将必动将”这

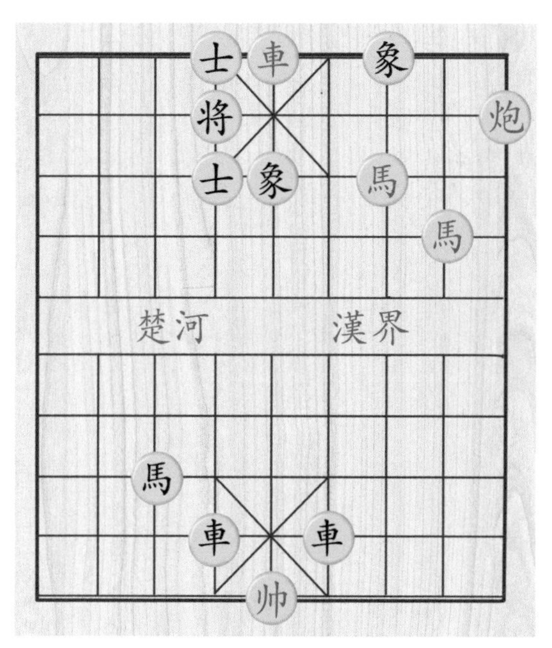

图3–4　启发式搜索实例

样的先验知识，平车将军就是杀着，此时再去搜索其他着法已完全没有意义。当然，α-β剪枝方法中最著名的实例就是IBM“深蓝”国际象棋程序，1997年它打败了世界冠军卡斯帕罗夫，从而成为人工智能领域的一个里程碑。

（三）空间换时间的博弈树搜索方法

在计算机博弈中，由于博弈树构成的空间过于庞大，即使利用全球运算速度最快的超级计算机，用一个天荒地老的时间长度也难以对国际象棋的博弈树进行遍历搜索。为此，科学家开始寻找新路径、新技术。科学家注意到，世界上物质运动的时间与空间两大要素中，时间灵活性是最差的，而空间常常是可以变化的，灵活性更好。因此，牺牲空间来换取时间就成为解决问题的一种思路。具体来讲，就是扩大物理空间，换取时间长度变化。类似地，在计算机博弈空间中，也常常通过扩展计算机内存、外存空间的容量，增加计算机集群数量，提升运算速度及物理意义上的空间等，以缩短运算时间。比如，在目前基于冯·诺依曼计算机体系结构的计算机中，内存容量是有限的，外存容量理论上可以是无限的，内存中的内部传输速度远远快于外存中的内部传输速度，但是，外存数据需要存储在内存中，才能被CPU所调用，这样内外存之间的数据传输就存在传输时间差，如果把这个时间差累计起来，那就是一个巨大的时间量，这就提供了以内存空间换取运算时间的思路。当然，通过进一步地分析发现：云数据存储与本地数据存储、不同网络介质的线路传输等，也能通过相似的处理缩短计算总用时。

那么，如何将空间换时间用于博弈空间的搜索呢？这是一个比较抽象的计算机专业性问题。常见的以空间换时间博弈树搜索方法有：

（1）因为内存空间的运行速度远比外存空间的运行速度快，为此，增加内存空间，将博弈程序、相关数据、运算过程的中间数据等，都尽量存在内存中，减少数据在内外存之间传输所需的时间，以缩短运算时间。

（2）将云服务器上的数据，部分或全部搬迁到本地服务器、计算端中，以此降低对网络传输的依赖水平。尽管从系统整体来看，外存空间并没有减少，但以本地存储空间换取网络存储空间，能够减少网络传输所需的时间，达到空间换时间的目的。

（3）利用缓存或者特殊数据结构的置换表存储搜索过的节点或子树，以后遇到相同或类似情况时，直接比对、选择，而不是再进行搜索，从而达到以空间换时间的目的，比如GPU就利用了这个思想。此外，由于缓存需求量巨大，为减少因过度使用内存造成程序崩溃等情况，常常会使用理论上无限量的外部存储器。

当然，使用空间换时间也是有底线的。如果过度使用内存空间，造成程序运行时内存不足，就可能导致内存溢出、搜索性能严重下降，甚至程序崩溃等严重问题，为此，针对不同的计算机博弈项目，需要依据硬件配置、计算环境来匹配合适的搜索策略和参数设置，以实现最佳搜索性能。

（四）时间换空间的“AI训练AI”自博弈术

提到自博弈，许多人可能会联想到金庸的小说《射雕英雄传》中周伯通所创造的“左右互搏术”，周伯通被东邪黄药师打败而囚禁于桃花岛，百般无奈下创立了左右手独立运作、协同配合、有序攻防的“左右互搏术”，形成单人、双手却相当于“两人、四手”对打的局面，最终实现了单人自我搏击训练。在人工智能领域，自博弈术是一种基于强化学习的训练框架，本质上是针对可用的数据少，通过让计算机程序与自己博弈而产生大量的训练数据，再借助这些数据，进行学习和改进的一种“AI训练AI”的新技术，其理论基础是博弈论与强化学习算法[10]。众所周知，博弈论是研究人类在竞争场景中面临问题时如何做出最优决策，强化学习则是研究如何通过不断地探索环境和试错，以获得最优策略的方法。自博弈术能将它们有机结合，且十分有效。在计算机博弈中，常常将某博弈项目的计算机程序称为某项目博弈AI，为方便起见，本书中直接简称为AI。

自博弈术发展可以追溯到20世纪50年代初期。当时约翰·纳什提出“纳什均衡”概念，到90年代，蒙特卡洛树搜索方法被引入自博弈研究中，使得计算机也能够以一种更智能的方式进行优化决策。蒙特卡洛树搜索是通过多次模拟、不断试错，再计算出每种博弈的期望值，从中选择期望值最高的决策方法。蒙特卡洛树搜索的最著名应用是AlphaGo围棋程序，此程序促进了自博弈的广泛应用。自博弈术的基本过程是：通过让计算机程序与自己或者其他相似水平的计算机程序进行博弈训练，记录下这些博弈

过程及其结果的数据，再以这些数据作为学习算法的输入数据，进而改进评估函数、调整学习算法的参数，使得计算机程序得到迭代进化，不断提升计算机程序的博弈性能。

自博弈术的广泛应用，与它的5个特征密切相关：

①不需要先验知识。自博弈术不依赖于先验知识与经验，而是通过自我对抗和博弈，在实践中探索与总结经验、规则，再制定相应的博弈策略。

②面向超大空间。自博弈术适用于博弈空间庞大并且需要求解最优解的问题。

③决策过程不透明。自博弈术不像周伯通的“左右手互搏术”透明可见，自博弈术产生策略、决策的路径是不透明的，只能观察到输入和输出内容，以及它的规则。

④AI独立存在。自博弈是AI的自我博弈，所以自博弈AI是独立运行的，具有独立自主的特点，无须其他程序的支持。

⑤自主学习。自博弈术是一种无监督学习方法，不需要或者只需要极其少量的标记数据。

在自博弈中，常常通过不断改变博弈方式，提高AI的性能，就像训练运动员一样，改变不同训练条件、变换场地，提升运动员的适应能力、应变能力等。因此，根据博弈方式的不同，可以将自博弈划分为4种类型：

①Naive Self-Play：新版本AI与上一版本AI博弈。这种方法简单、直接，但可能出现循环的情况，即AI总在已知的几个策略间切换，而不向最优策略收敛。

②the Best-Win Self-Play：新版本AI与老版本中最好的AI博

弈。这种方法基本上可以避免循环，但极可能产生过拟合现象，即AI可以打败老版本中最好的AI，但难以适应其他的对手AI。

③the Max-Margin Self-Play：新版本AI与老版本中最难打败的AI博弈。这种方法能够增强AI鲁棒性，但是，极有可能降低AI表现力，即AI只关注如何打败最难打的对手，而忽略其他以可能策略武装的AI。

④the Nash Self-Play：新版本AI与所有的老版本AI博弈。这种方法可以使AI达到纳什均衡，即没有任何一方可以通过改变策略来提高收益，但是，这种方法计算时间长、计算量巨大，对存储空间的要求常常也是巨大的。

从上可知，自博弈术减少了对领域数据、先验知识和人工干预的依赖，提高了AI智能水平和泛化能力，只要在AI设计中明确一个清晰的目标函数和一个有效的反馈机制，就可以让AI在多种博弈场景中，通过不断的自我训练接近最优解，获得近似优解，从而实现以时间换空间的目的。尽管自博弈术不需要或者极少需要其他资源条件支撑，但还是需要长期时间支持，训练过程要渐进、AI迭代要多次进行，最终才能得到一个稳定可用的AI。这既是优点，也是缺点，因为训练时间长的同时，投入的训练资源大，实际应用场景难以落地。

（五）时间与空间融合的并行方法

前面介绍了利用时间换空间、空间换时间的不同博弈搜索方法，以提高计算机博弈树的搜索效率，现在介绍时间与空间融合的并行搜索方法。该方法以当前主流的冯·诺依曼计算机体系结

构的工作原理为基础。冯·诺依曼计算机体系结构是将代码和数据以二进制形式存储于内部存储器（简称内存），并将存储与控制有机结合起来，再在程序控制下自动运行。实际上，计算机的功能、性能是由它的系统结构、指令系统、硬件与软件配置等多个方面综合决定的，但对于普通用户来说，可主要观察中央处理器（CPU）的运算速度、字长和内存容量等主要技术指标。CPU是计算机的运算与控制核心部件，负责解释指令、处理数据，它包括运算器、控制器、存储器，以及保持它们联系的数据总线（图3-5）。

CPU计算速度远远快于从外存读取、传输数据的速度，这样CPU就需要花费很长时间来等待诸如键盘、鼠标等外部设备的响应。为了提高CPU运行效率，解决CPU长时间等待问题，人们设计了进程和时间片两个概念。进程可以理解为单个任务或者一批任务，本质上是“打包”一批文件并一次性执行，即批处理文件，而人们常说的程序可以简单理解为一个批处理文件，其中可能包含了数据输入、统计与分析及报表生成等若干个子任务。时间片就是指将高速CPU的运行时间分割成若干个小片段，每个小片段对应1个进程。通过一种调度管理机制，将多个进程“串联”起来，让每个CPU时间片执行一个进程，从用户角度来看，就感觉到多个程序是同时运行的（即并行），例如用户在计算机上边处理办公文件，边听音乐，还可以同时开启微信并随时处理交互信息等，这其实都是因为CPU运行速度极快，利用不同时间片处理各个任务所带来的错觉，当然，从操作系统和CPU角度来看，本质上这是一个串行处理过程。即使如此处理后，仍然会

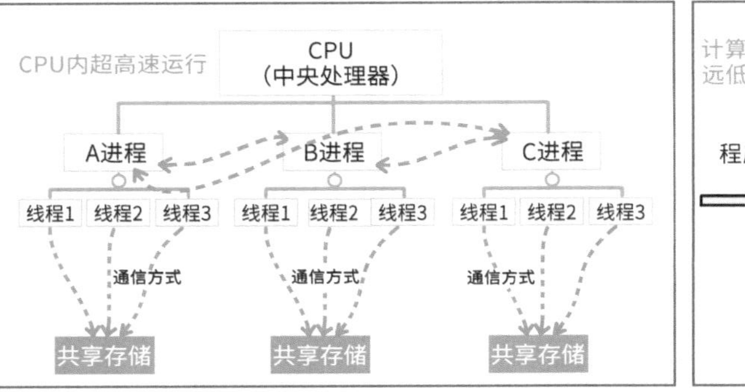

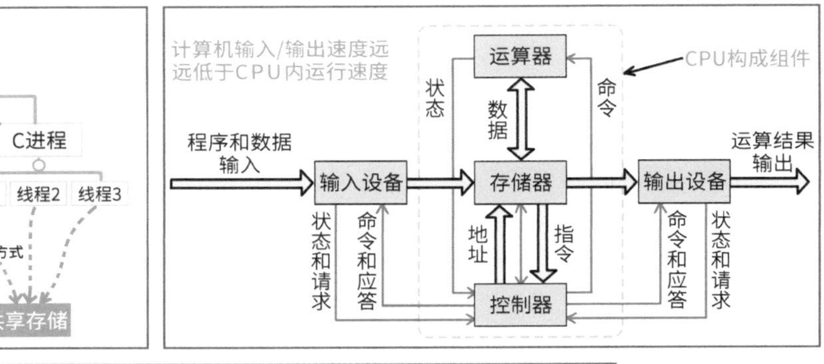

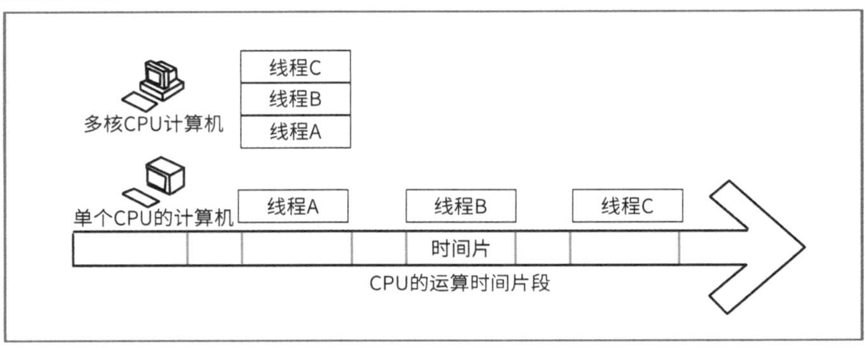

图3-5　超高速CPU的“时间片-进程-多线程”运行机制示意图

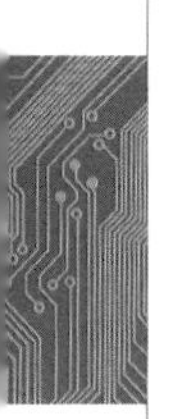

存在时间片中CPU空闲等待的低效率问题，针对这个问题，又引入了线程概念——即可调度的最小程序执行单元，进一步将进程继续划分为若干个线程，结合前面“时间片-进程”匹配思想，设计了“进程-线程”的配对方法，从而使得CPU得到更充分的利用。

显然，多进程、多线程执行机制极大地提高了CPU的多任务并行处理能力，但是，这个“时间片-多进程-多线程”执行机制本质上还是使用分时串行方式，在运行时间上并不是并行方式。为真正解决计算机的并行需求问题，研究人员提出将计算机的单核CPU改为多核CPU，相应的操作系统也随之改进，让多个CPU核心并行处理多个任务，实现真正的多任务并行。比如，当下普通的4核心、8线程计算机，在物理上就是有4个CPU，在进程上可以被虚拟为8个核心计算单元，即这台计算机至少可以同时开启8个线程，能同时至少运行8个不同任务。1个线程可以至少包含1个进程，因此，实际上能同时运行的进程数远远超过8个，这就是用户可以在计算机上同时打开多个软件、开启多个窗口的主要原因。

从上可见，CPU的单核计算机通过“单核时间片-多进程-多线程”机制，实现了串行多任务、并行运行效果，而多核CPU的多核计算机通过“单核时间片-多进程-多线程”机制和“多核-单核”并行调度方法，真正实现了多任务并行目标。以此机制、方法为基础，在计算机博弈中，既可以利用单核计算机实现多任务“串行”处理效果，也可以利用多核计算机实现多个任务的并行处理，使得计算机在单位时间尽可能搜索更大的博弈空间，发现更接近全局最优解的近似解。具体做法有多种，但基本思路都是“将博弈树分成若干分枝，将每个分枝分配给不同线程，甚至是不同进程，从而实现运行效果上的并行搜索”。当然，必须通过主控程序（主线程/主进程）对其他线程/进程进行有效控制，确保信息的有效交换与协调。在计算机博弈领域，有不少多线程与并行方法的应用实例，其中著名的是1997年IBM“深蓝”计算机的国际象棋程序，它由30台RS/6000 SP组成，以及480颗专用国际象棋芯片，基于此硬件的国际象棋程序就采用了分布式并行搜索技术，先将博弈树分枝分配给各节点进行搜索，最后由主控程序集中处理，最终打败了世界冠军卡斯帕罗夫。

使用多线程及并行处理方法，确保了在时间、空间两个维度支持完成更复杂的计算任务。在时间维度上，多线程技术、并行方法都可以加快搜索速度，提高对博弈树的搜索深度和广度；而在空间维度上，多线程技术、并行方法又可以使用更多计算机资源，如内存等，存储更多信息、知识和各个阶段的中间计算结果。因此，使用多线程/多进程技术，实现了空间扩展，再通过串行机制、并行方法，又实现了时间的高效率，从而实现了时间与空间的融合式增长，最终提高对博弈空间的搜索效率。

二、隐藏于AlphaGo的人工智能算法

Alpha是希腊字母表的首个字母，隐含首个、开端和最初之意，而Go是围棋的英文，因此，“AlphaGo之父”戴密斯·哈萨比斯（Demis Hassabis）将这2个词语组合为AlphaGo，意为首个人工智能围棋程序，至于“阿尔法狗”则是AlphaGo中文发声的谐音。AlphaGo是由谷歌旗下DeepMind公司从2014年开始开发的围棋程序，历经Fan、Lee、Master、Zero等版本的变迁，它从最初极其低级的业余围棋选手水平，历时2年多，发展成打遍全球无敌手的超级围棋程序。DeepMind公司在2014年提出开发围棋人工智能程序的需求：对任意给定的一个围棋博弈状态，寻找最好的博弈应对策略，并让这个程序以此策略行动、走步，最后获得棋盘上最大的地盘。尽管这个需求看似简单，围棋的规则也简单，但围棋却是博弈状态复杂度最高的棋类游戏项目，在2016年以前，即使是世界上最先进的计算机围棋程序都打不过业余围棋高手，所以当时围棋圈中有一句话“计算机都打不过”，是带有看不起的意味的。进入2016年，AlphaGo经历惊天一战后，全球人工智能开始高速发展，此后AlphaGo的每个版本变迁，都会牵动全球人工智能技术的发展，可见影响力巨大。

（一）AlphaGo的基本工作原理

早在1997年，IBM“深蓝”就打败了国际象棋的人类世界冠

军，但是，从计算机博弈空间状态复杂度来看，国际象棋远没有围棋复杂。一盘国际象棋大约经历80回合、每回合平均有35种可能性，相对比而言，一盘围棋可以经历长达150多回合、每回合平均有250种可能性。因此，围棋比国际象棋复杂许多，甚至复杂度不在同一个数量级上。事实上，围棋的博弈空间状态复杂度是最高的（图3-6）。

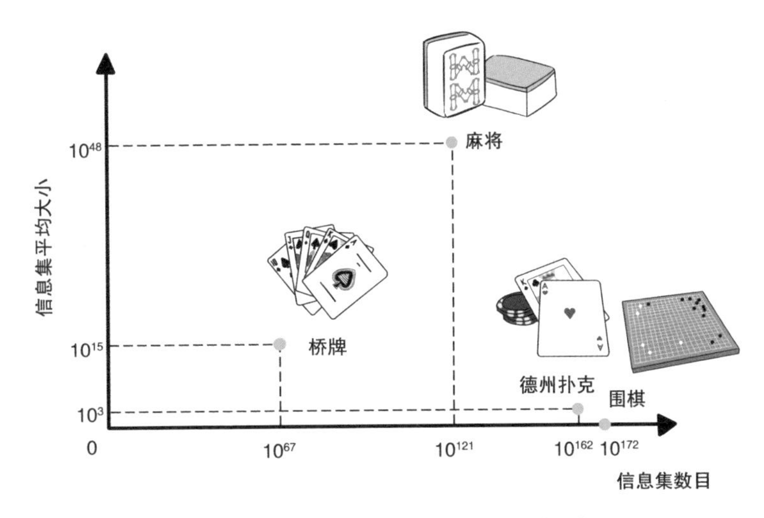

图3-6 几种游戏项目的博弈空间状态复杂度对比

曾经有学者说“计算机程序还难以打败人类高手，围棋是维护人类最后尊严的所在地”，这个说法随着2016年3月那场人机惊天大战而烟消云散。事实上，在大战开始前，极少人认为计算机程序会赢得比赛，特别是在围棋职业选手中，几乎一边倒地认为李世石将赢得比赛，能够捍卫人类在棋类游戏领域的荣誉，当然最后结果是AlphaGo将人类顶尖高手拉下神坛。实际上，担任这场人机大战的中国解说员之一，正是“棋圣”聂卫平，赛前，聂卫平曾断言“电脑绝对不可能战胜人类”，但是结果却令他始料未及，聂卫平后来表示：“AlphaGo的胜利让我受到震撼。”聂卫平接受采访时曾经感慨AlphaGo颠覆了他的认识，起初他对AlphaGo能在与柯洁九段的终极人机大战中胜出并不看好。聂卫平认为，电脑的确强大，而且会进行数以千万计高水平训练，“这基本上是人类无法战胜的”。

AlphaGo之所以这么厉害，是因为它构造了2个极为关键的网络及相应的策略、算法（图3–7）。

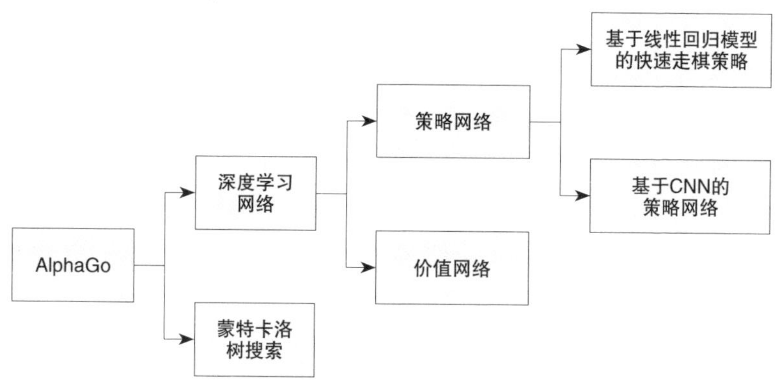

CNN—convolutional neural networks，卷积神经网络。

图3–7　AlphaGo初始版本使用的关键算法示意图

第1个是策略网络（policy network）。它首先构造了判读棋局状态价值的评估函数，早期的AlphaGo版本还利用了海量的人类棋谱数据，通过监督学习方法，训练策略网络、优化改进评估函数，再利用基于蒙特卡洛树搜索算法的自博弈术，获得更为强大的策略网络。也就是说，AlphaGo的策略网络不是一成不变的，它本身就具有领悟、学习人类经验的能力，它站在人类历代围棋高手3 000万盘对局基础上，再进一步用AI训练AI，而用时仅为数月。相反，人类棋手穷其一生的学习、训练、研判的对局数，不会超过2万盘，而且是在棋手一生最风华正茂的几十年时间。因此，仅仅从这个数据来看，人类选手被AlphaGo打败也就不奇怪了。

第2个是价值网络（value network）。它针对任何棋局的局面，能够预测、评估获胜的概率，并以此为依据开始搜寻围棋博弈树中所有的可能走步。然后，利用蒙特卡洛树搜索算法进行深度搜索，进一步评估、比较这些走步的价值，从中发现最好的走步。而且在这个过程中，AlphaGo可以依据博弈规则，随时终止并输出当时得出的最好走步。针对围棋博弈树，AlphaGo能够将每个状态都当作下一次搜索的起始节点，并不断地试做、试错，因此，AlphaGo能够随着博弈进程持续优化评估函数，并不断地生长、扩展博弈树。

后期AlphaGo的版本中“强化学习”是重要的核心算法之一。强化学习是机器学习算法中的一个类型，机器学习算法还包括监督学习、无监督学习等类型，强化学习通过不断试错来训练、学习博弈策略，以获得最大的累积奖励。强化学习思想源于生物学中的动物行为训练，训练员通过强化与惩罚的方式，让动物学会、记住某种行为与某种状态之间的联系规则。一种典型的强化学习框架包含如图3-8所示的智能体代理（agent）、环境（environment）、状态（state）、动作（action）、奖励（reward），以及行动策略。agent从environment中感知state，然后采取action，接收reward并进入新的状态，循环这个过程直至达到预定目标。因此，强化学习包括两个核心，即定义状态-动作空间和奖励函数。状态-动作空间是指能够感知和采取行动的范围，而奖励函数是一种能评估所采取行动优劣的函数，通过评估反馈信号的好坏，改进策略。

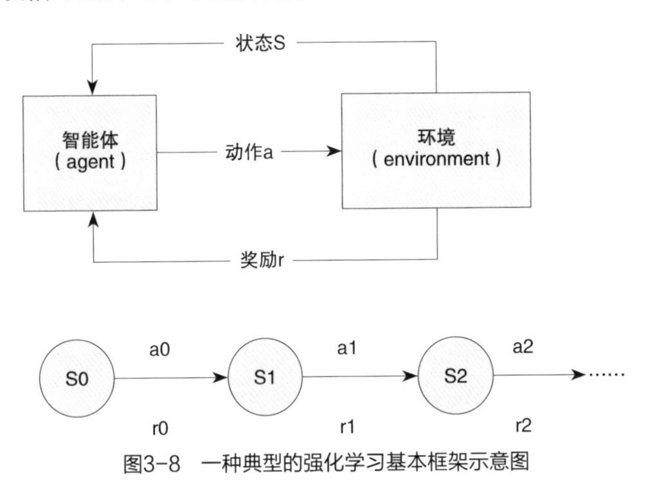

图3-8 一种典型的强化学习基本框架示意图

(二) AlphaGo“棋感”之谜

人们做任何事情，常常离不开某种感觉。比如，跳舞、唱歌、演奏需要节奏感觉，赋诗、谱曲、作画需要创作灵感。毋庸置疑，下棋也需要某种直觉，因为在压迫感极强的竞赛场，可能没时间让选手仔细思考，也没有精力让选手精心计算，此时棋感就将发挥极其重要的作用。那么，什么是棋感呢？从字面意义来看，棋感就是下棋的一种感觉。这种感觉奇妙之处在于说不出来但又切切实实存在，不少的棋手都遇到过类似的情景，当棋局出现某个局面时，棋手能“直觉”到应该在这里落子，这就是一种棋感。它无法被描述出来，更无法被推导出来，但能直接感觉到，这也许是人们所说的第六感。而且，棋感不是每个选手都有的，它是需要经过长期的训练和实战的磨炼，才可能产生的“直觉”能力。

谷歌为AlphaGo打造了强大的“棋感”。它主要借助价值网络，经过大量训练产生。为了理解AlphaGo“棋感”的形成过程，在此以一个青年做生意的故事为例：在一座古老的城市，有个聪明的年轻人，他喜欢在市场上买卖东西，经常到市场买下一些物品，然后转卖给其他人，以赚取差价、获取利润。这个年轻人并不是依靠直觉、猜测来赚钱的，事实上他会评估每件物品的价值，并根据所评估的价值再决定买卖价格，也就是说他是有备而来，是做足了功课的。当然，这位年轻人第一次来到市场时，由于没有经验，常常也感到无从下手，难以合理判断商品的价值，但是，随着时间的推移，他参与买卖的次数增多、观察到周边买卖成交的案例增多，他就越来越熟练，能够轻车熟路地判断出物品的价值。类似地，AlphaGo的价值网络的形成其实也与这位年轻人做生意的过程一样，也是先从“小白”做起，尽可能利用人类的先验知识，只是谷歌利用自己强大的技术力量和全球影响力，尽可能地收集了人类棋手的过往棋谱数据，再利用这些数据对AlphaGo进行训练，并评估棋局和计算“价值”，最后通过不断地训练和不断地学习，AlphaGo对棋局的判断精度越来越高。

此外，AlphaGo“棋感”的形成，与机器学习算法的支持也是密不可分的。从前文可知，在AlphaGo的价值网络中就使用了强化学习算法，简单来讲，就是AlphaGo将收集的大量围棋棋谱数据，输入神经网络中进行训练，而神经网络会根据这些数据学习如何预测某个棋局的胜负率，而且在训练中，神经网络权重和偏置值会不断被调整、优化，以尽可能缩小预测值与真实值之间的差距。最终，经过机器学习算法训练后的价值网络，在超强的计算机算力支持下，就能够快速、准确地预测出棋局的胜负率。从此过程可见，大算力、大数据、好算法是AlphaGo取胜的基石，所谓AlphaGo的“棋感”其实并不存在，仅仅是人们借用人类棋手“棋感”这个概念，以表达或赞扬AlphaGo的强大。因此，AlphaGo的“棋感”是依靠大数据、自博弈、强训练和大算力，利用算法推理而来，将这种推理数量化、可视化后可观察AlphaGo的“棋感”如图3-9所示，“棋感”让计算机能快速、准确地决策，而这并非人类的那种“直觉”能力。这就是AlphaGo的“棋感”之谜。

图3-9　AlphaGo中价值网络的“棋感”

（三）全力“试做、试错”的蒙特卡洛法（Monte Carlo method）

蒙特卡洛法是1946年由约翰·冯·诺依曼、斯坦·乌尔姆（Stan Ulam）和尼克·梅特珀利斯（Nick Metrepolis）提出的，其基本思想是用事件频率数据代替难以获得的事件概率：首先，建立一个概率模型、随机过程，使它的参数或数字特征等于问题的解；其次，通过对概率模型、随机过程的观察或抽样试验，计算这些参数或数字特征；最后，给出求解问题的近似解，解的精确度可用估计值的标准误差来表示。因此，蒙特卡洛法的主要理论基础是概率统计理论，手段是随机抽样、统计试验。比如，求解图3-10矩形b中非规则的a部分的面积。对于规则图形一般使用面积公式来求解，对于不规则图形则使用微积分的方法来求解，此时蒙特卡洛法就是一个可使用的工程化方法。具体过程如下：

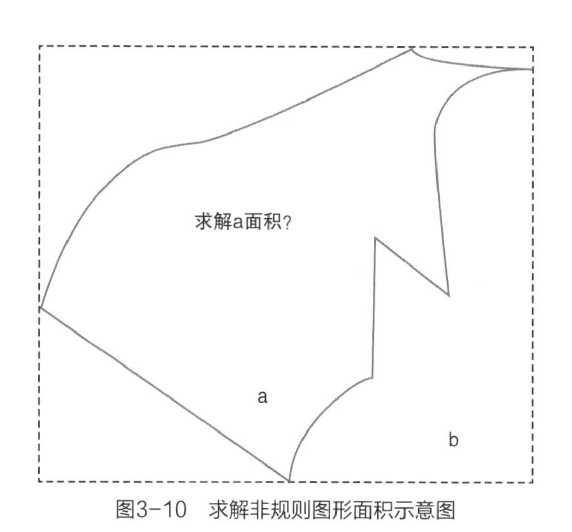

图3-10　求解非规则图形面积示意图

①向矩形b中随机撒n颗豆子。

②识别落在a部分内的数量为n_1。

③重复①、②动作k次。

④求$t_k=(n_1+\cdots+n_k)/(k\times n)$。

⑤假设误差为ΔS，在此误差范围内，a部分的面积$S_1\approx S_2\times t_k$，其中S_2为矩形b的面积。

显然，撒的豆子的颗数n越大，S_1的计算精度越高，而如果要求误差$\Delta S=0$，那么这个方法是无解的。实际运用过程中，围棋博弈树的树枝数至少达到100，这就意味着再次走子后，都面临着许多走法，如果采用α-β剪枝方法，就需要剪掉收益值小的树枝，这样做的缺点就是可能丢失一些重要信息，而且，α-β剪枝方法通常只能搜索到前面几层，不能深入到整个博弈树。相反，如果采用蒙特卡洛树搜索算法，就可以随机地选择一些树枝，并根据模拟结果来更新节点评估值，从而避免剪枝所带来的信息丢失，还可以在任何时间终止并退回当前最好的评估值。因此，在围棋计算机博弈中，使用蒙特卡洛树搜索算法比α-β剪枝方法更合适，实战结果也证明了这个结论。

将蒙特卡洛树搜索算法应用在围棋博弈树中，就是先构建一棵围棋博弈树，然后类似于撒豆子的做法，随机选择树枝，接着对选择的树枝模拟走子，直到到达棋局终止状态（如某方取胜、和棋，或者达到最大的搜索深度等）。此过程中，通过对大量随机选择树枝的模拟，计算出胜负率，再从中选择最高胜率的走步，这就是蒙特卡洛树搜索算法的基本工作过程。从中可以发现，为了避免搜索过程太过于深入，导致搜索时间超出可接受的时间，常常会设置最大的搜索深度、最长的搜索时长或者其他搜索结束时间，这样随机选择、模拟的次数越多，自然所获得的最高胜率的走步就与真实的最优走步越接近，而AlphaGo所配置的强大算力，能够全力确保这样大规模的“试做”行动。

蒙特卡洛树搜索算法一直是AlphaGo各个版本的一个关键性算法。它将蒙特卡洛方法应用于树搜索的算法，特别适合用于解决一些空间巨大、树枝数量庞大的搜索问题。该算法包含4个基本动作，即动作选择、节点扩展、模拟预演、回溯传播。其中，动作选择是在博弈树中寻找一个值得探索的节点，一般使用评估函数进行计算；节点扩展是在选中节点处增加一个或多个子节点；而模拟预演则是从新的子节点开始，随机地落子，直到满足终止条件；至于回溯就是根据模拟的结果，更新从子节点到根节点路径上的所有节点统计信息。蒙特卡洛树搜索算法通过不断重复这一流程，逐渐改善博弈树的结构及其节点估值，最终选择最优或近似最优的走子方案。

（四）从“特例”增智的机器学习方法

学习是智能的一个非常重要的特征，是人工智能模拟人类智能的重点研究内容，但是，至今人们对学习的机制尚不清楚，甚至没有统一的定义。有学者认为学习就是作出适应性变化，使得在下次完成同样或类似任务的时候更有针对性；也有学者认为学习是构造或修改对于所经历事物的表示方法；还有学者认为学习是知识的获取过程。但无论哪种观点，都认可学习能力是智能的一种形式，而机器学习正是人们赋予机器智能一个计算模型或认知模型，使机器模拟人类智能的行为。事实上，一个不具有学习能力的计算机系统是难以作为智能系统的，试想当计算机系统遇到错误时，不能自我校正、纠错，不能利用经验改善自身性能，不会自动获取和发现所需要的知识，这样的系统不能称为智能系统，也难有强大的生命力。

机器学习是应用数据或者先验知识训练获得模型，再以此模型去预测未来的一种方法。机器学习模仿人类从个别到一般、从特殊到普通的归纳、思维方法，采用非传统意义的因果关系和逻辑推理等方式获取知识，透过适量实例数据，通过搜索、挖掘隐藏的关联关系，再将此关系作为解决问题的方法或知识，从而实现从适当数量的特殊案例数量中发现新知识、增加新智慧。由此可见，机器学习方法与从一般前提出发，通过推导获得知识、结论的演绎方法之间存在着巨大的差异，它获得知识的过程是不透明的，甚至得到的结论可能是不可解释的，这是目前机器学习方法为人诟病的主要原因，即缺少强说服力的理论支撑。因此，当前的机器学习方法的推理基本上只限于演绎、综合，而缺少归纳，更多的是证明已经存在的事实、定理，却难以发现新定理、定律和规则等。目前随着人工智能的深入发展，在人工智能各个分支，如计算机博弈、专家系统、自动推理、自然语言理解、模式识别、计算机视觉、智能机器人等领域，机器学习的这些局限性愈加凸显出来，这也是人工智能亟待解决的难题之一。

机器学习是一类方法的总称，包含有强化学习、深度学习、迁移学习、蒙特卡洛法等方法。事实上，机器学习已经发展成为一门交叉学科，涉及概率论、统计学、逼近论、凸分析、算法学等多门学科。利用计算机平台，人们可以模拟、实现人类的学习行为，获取新知识增加新技能。在AlphaGo的助推下，机器学习已经成为人工智能的核心方法，是赋予机器智能的重要可行途径，目前已经被广泛应用于各个领域。各种机器学习方法的基本过程是基本相同的，核心的关键点就是依据特征进行分类、发现关联，输出知识（图3-11）。

人类棋手通过学习、训练、打谱、实战、观摩、复盘等系列方法，历经10年甚至20年，才能成为围棋高手，而要成为围棋国手、世界冠军，那又需要其他的机遇、勤奋、天分等要素。对比人类棋手的成长，利用什么方法能促进计算机的围棋水平增长呢？从前文可见，强大算力保障、整体解决方案、优秀算法设计必不可少，机器学习方法自然是其重要的支撑方法。而且，利用机器学习方法，不需要专门设计评估函数，而是根据大量数据和反馈来自动调整、优化，从而获得准确的评估值。不需要大量的原始数据，而是设定规则，通过自博弈术自训练产生需要的数据。不需要搜索博弈树中的所有树枝，而是通过启发式方法、α-β剪枝方法等来减少无效搜索，最大可能逼近最优解，而且还可以利用博弈论理论、方法来分析博弈各方之间的利益冲突与合作可能，并建立合适的学习策略。显然，具有这些能力的围棋博弈程序，丰富了技能，增强了能力，最终提升了博弈智能。

（五）支撑AlphaGo的TPU高性能芯片

AlphaGo赢得人机大战，得益于计算机技术的强大算力支持。算力是指计算机执行特定操作的能力，算力越高，计算机处

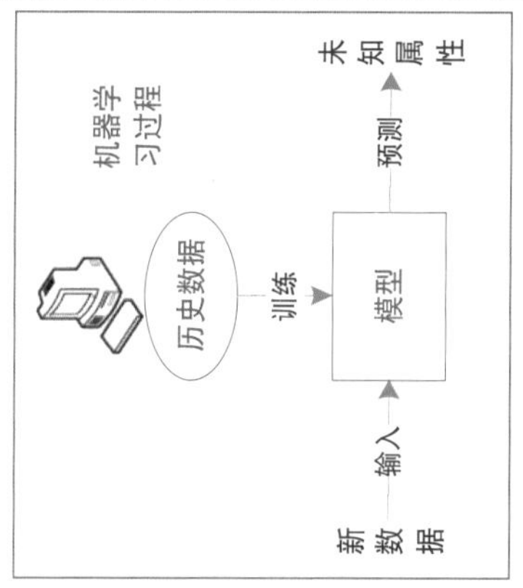

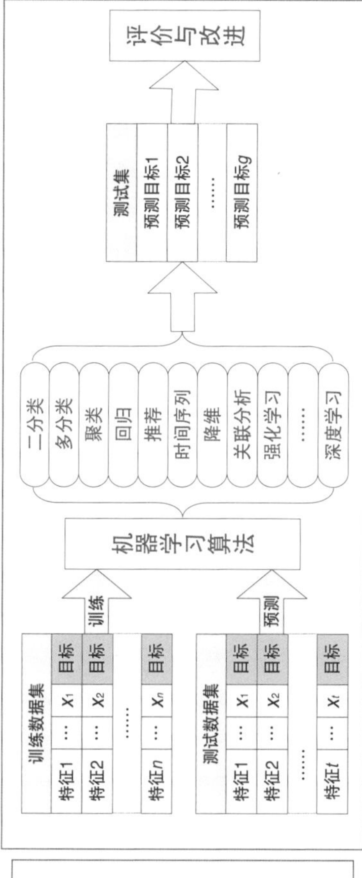

图3-11　机器学习一般过程示意图[11]

理数据越多、处理速度越快，意味着计算机完成计算任务的能力越强。其实，在人工智能第三次高潮到来前，现在所使用的许多人工智能方法已经产生并得到应用，之所以没有引起太大反响，就是因为缺少强大的算力支撑。实际上，对于人工智能深度学习方法来说，算力已经成为决定性因素，当然，算力并不是简单的CPU叠加，它与计算机内存的容量和频率、存储速度、I/O速度、系统架构、指令系统等密切相关。全球越来越多公司和研究机构开始关注并投入巨资打造超级计算机、云计算平台，实质就是打造算力支撑平台。

事实上，面对诸如AlphaGo这样规模庞大而复杂的应用，谷歌开始意识到，数据中心的数量需要成倍增长才能满足快速增长的计算需求。然而，不管是从成本支出来看，还是从算力增长来看，谷歌的计算中心已经不能简单地依靠增加GPU和CPU来维持，而且如此发展下去，将会严重依赖英伟达、英特尔等半导体芯片公司。自2015年以来，与AI芯片相关的研发也逐渐成为整个芯片行业的热点，在深度学习训练和推理领域，关于GPU相关的技术，英伟达已经独霸一方。因此，在各种因素推动下，资金充足的谷歌正式开始了自己的计算芯片TPU的研发之旅，TPU的中文意思是“张量处理单元”，它是由谷歌自主研发的、专为机器学习设计的AI加速处理器。从2016年出现的Lee版本开始，AlphaGo就抛弃了CPU与GPU相结合的异构计算方案，转而选择了GPU与第一代TPU1相结合的过渡方案，发展到Master版本就彻底抛弃GPU，只使用了第二代TPU2（图3-12）。

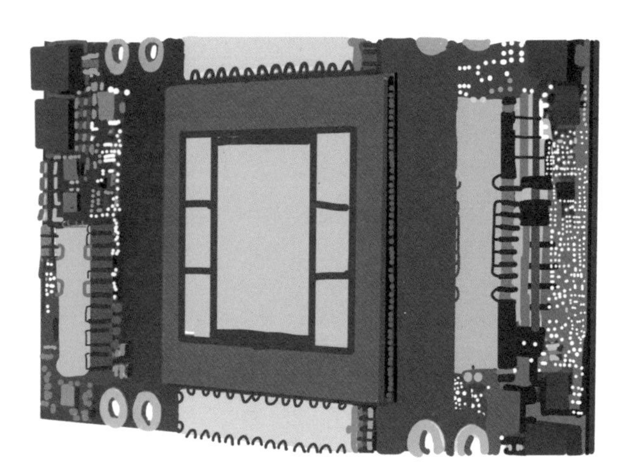

英伟达的GPU

谷歌的TPU

图3-12 典型的GPU与TPU示意图

从时间上来看，TPU是谷歌在2015年6月I/O开发者大会上推出的神经网络专用芯片，它专门为优化谷歌的TensorFlow机器学习框架而打造，主要应用于AlphaGo系列产品，以及谷歌地图、谷歌相册、谷歌翻译等其他产品，重点满足其中的搜索、图像、语音等模型与技术处理的计算需求。谷歌TPU系列的出现不仅突破最初深度学习硬件执行的瓶颈，还在一定程度上撼动了英伟达、英特尔等传统CPU、GPU芯片巨头的地位，为其他公司树立了榜样，使得越来越多的公司开始尝试设计除GPU之外的专用AI芯片，以进一步实现更高效的性能，比如我国的“寒武纪”就是在这样的背景下发展的。

从结构和指令角度来看，TPU与GPU存在较大的区别，谷歌的TPU是一种ASIC（application specific integrated circuit，专用集成电路）芯片解决方案，因此，TPU是一种为特定应用需求而特殊定制的专用芯片。一般来讲，开发ASIC芯片不仅需要花费数年时间，而且研发成本极高，但这些对谷歌来讲不是问题。当然，对计算中心的高算力需求来讲，许多厂商还是更愿意继续采用现有GPU的集群或者GPU与CPU相结合的异构计算解决方案，不太愿意在ASIC领域冒险。由此可见，谷歌对AlphaGo寄予厚望，研发新款的神经网络专用芯片来为AlphaGo的成功提供强大的算力支撑。

第四章

计算机博弈的发展

一、机器学习引领计算机博弈发展

前面章节阐述了“机器可以具有智能”“机器能像人一样思考吗？”的科学问题，但并没有回答“智能是什么”的问题。事实上，“智能之谜”是21世纪最难的科学难题之一，至今并没有形成一个被普遍认可的解释。不同学者对此有不同的解释。比如，有学者认为智能就是正确解决问题的能力，是能力的表现，而常见的能力至少包含感知能力、学习能力、理解能力、决策能力、语言能力、创新能力、复杂环境适应能力、洞察能力等，其中前5种能力是人类智能的基本能力。在此，作者推崇李德毅院士对智能的定义：智能就是学习的能力（解释、解决预设问题的能力），以及解释、解决现实问题的能力。从李院士的定义可见学习对智能的重要性，可以说具有学习能力是机器具有智能决策能力的基础[12-13]。

总体来看，计算机博弈发展的许多成就，都与目前人工智能最热门的机器学习密切相关，特别是强化学习算法、深度强化学习算法的成功应用，催生了一系列令人叹为观止的人工智能研究成果。本章以从实践、经验、数据中获取知识的学习能力为视角，从学习场景、学习工具、学习方法着手，了解全球重要人工智能公司的相关进展，从中发现计算机博弈的发展方向。

（一）机器学习的“数据之痛”

1. 数据的先天缺陷

中国人工智能学会前理事长李德毅院士指出：学习是从未知变为可知的交互过程，是培养和传承解释、解决预设问题的能力，学习的结果是记忆，也是对知识、技巧的存储、调控和提取，学习的目的是解释、解决新遇到的现实问题[12]。因此，学习过程包括但不局限于阅读、听讲、理解、思考、研究、实践，具体学习方式包括但不局限于读、听、讲、研、观、探、创、做、试，学习是一种持续变化的行为。在信息时代，通过上述途径、手段获得知识、提高认知或技能的过程，已经不再专属于人类，换句话说，机器也是可以学习的，对照人类的学习，机器学习的过程如图4-1所示。

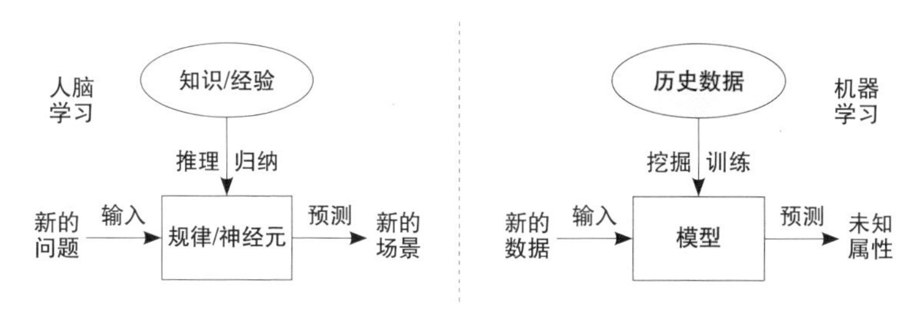

图4-1　人脑、机器学习过程对比

可见，无论是人脑学习，还是机器学习，都需要向一定的框架（如模型、神经元等）输入历史数据、知识、经验。二者的区别在于人脑可以跨越时空、跨越场景、跨越模态（如对话、视频、报刊等形式，以及教室、工地、旅游等场景）。然而，支撑现在机器学习的硬件仍然是数字电子计算机，因此，所有输入的内容必须结构化、数据化，且最终都要转化为二进制数字，这个转化过程就意味着机器学习输入的数据先天就存在信息丢失问题。比如，“你在干啥？”这样一句话，在实际对话场景中，除开字面意义外，还包含了语气、语调、肢体动作等情感信息，但机器最后得到的数据也仅仅只有字面上的信息，其中的情感信息被丢掉了，因此无法觉察说话者的心情、情感等。

2. 数据标注的重要意义

人类大脑具有一些特殊的且目前机器无法具有的能力，比如联想、想象、假设、情感等能力。在此用一个故事予以说明：有一位女孩不喜欢正在苦苦追求她的男孩，便冥思苦想寻求计策，最后女孩邀请男孩吃饭，点了一道“天鹅肉”，男孩立刻知难而退。但是，同样的场景，假设让机器人参加测试，肯定是没有答案的，此时机器人就像一位迟钝无知的男孩，或者说没有情商，因为机器的学习还是浅层次的，难以关注或者发现不同数据类型与不同时空数据间的潜在联系，至于要发现深层次知识，就更难为机器了。但是，在这个场景中，如果能让机器人预先学习“癞蛤蟆想吃天鹅肉”的典故，有针对性将“痴心妄想”进行数据标注，那么，机器人应该都能够了解那道菜中“要有自知之明，不要一心想谋取不可能到手的东西”的隐秘喻义。由此可见，对输入数据进行恰当“标注”十分重要。

数据标注是对数据包含的多种元素进行标记，帮助机器理解这些数据内容的过程，这个过程是机器学习不可缺少的环节，这就是人们常说的“人工智能是先有人工、再有智能”的内在含义。此外，将标注后的数据应用于模型训练，就能够为模型输出提供指引性的方向，即最大程度确保训练过程的收敛。比如一个跳棋游戏的计算机程序，面对历史棋谱数据，首先按最后赢棋、和棋、输棋的结果对棋谱数据进行分类，分别标注为+1、0、-1，然后在机器学习训练时，以此分类构建学习模型，引导训练方向，否则，可能导致学习结果发散，不能获得理想的学习结果。再比如，一个辅助医生判读CT照片的程序，会要求医生提前标记CT照片上病灶的位置、形状等信息，这样机器在学习这些数据时，就能够提前分类整理并记忆这些具体信息，待训练完成之后，机器学习模型会在下次遇到类似信息时，提取记忆信息并输出相关结论。这个过程再次证明了机器学习的数据离不开前期人工准确的标注。但是，数据标注工作量是巨大的，耗费的人力成本也极高，特别是一些专业性标签数据，如医学影像、产品检测的瑕疵点等，这些数据标记需要相关领域专家的强大专业知识和经验支持。如此来看，数据标注既包含了专家的知识支持，也隐含了数据正确与真实性的基本假设，错误的数据不能产生正确的知识，只能产生错误的结论。

3. 数据高质量的成本之痛

所提供数据的质量也是一个影响机器学习效果的重要因素。这里的质量问题包含了数据分布质量问题，比如棋谱数据在时间进程上是否均匀分布在开局、中局、终局等下棋的各个阶段，再如肺部CT影像数据在肺部多个区域是否存在不同病灶案例数据，且呈现均匀分布状态。提供给机器的学习数据分布不均衡，将会带来具有偏向性的学习结果，这就犹如学生偏科，学生对知识的掌握程度与教师讲授、复习引导程度等因素密切相关。因

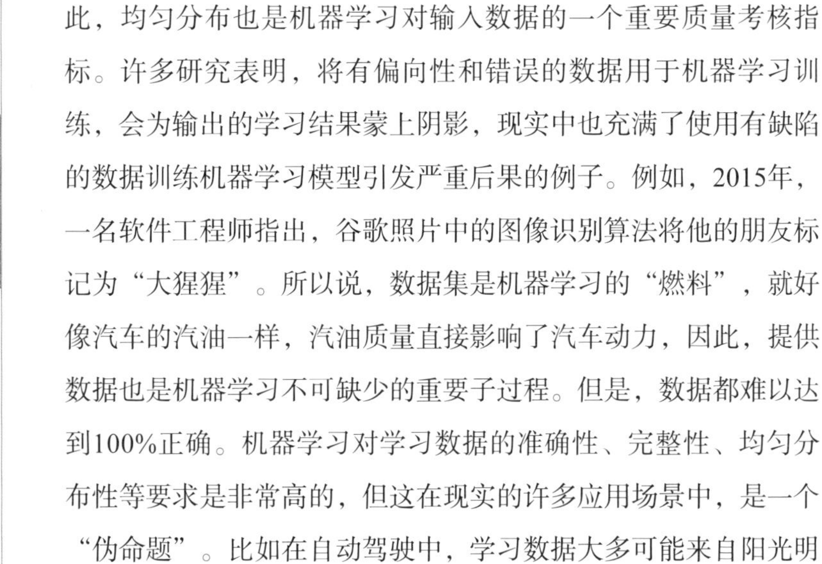

此，均匀分布也是机器学习对输入数据的一个重要质量考核指标。许多研究表明，将有偏向性和错误的数据用于机器学习训练，会为输出的学习结果蒙上阴影，现实中也充满了使用有缺陷的数据训练机器学习模型引发严重后果的例子。例如，2015年，一名软件工程师指出，谷歌照片中的图像识别算法将他的朋友标记为“大猩猩”。所以说，数据集是机器学习的“燃料”，就好像汽车的汽油一样，汽油质量直接影响了汽车动力，因此，提供数据也是机器学习不可缺少的重要子过程。但是，数据都难以达到100%正确。机器学习对学习数据的准确性、完整性、均匀分布性等要求是非常高的，但这在现实的许多应用场景中，是一个“伪命题”。比如在自动驾驶中，学习数据大多可能来自阳光明媚的环境，若按照场景完整性、均匀分布性等要求，就还需要提供雨雪、暴雨等极端天气，黎明、深夜、傍晚等全时段的场景数据，显然，这几乎不可能完成，高昂的成本也难以承担。

4. 不可解释性问题

为帮助读者理解，在此以数据智能中一个经典案例予以说明：英国一名沃尔玛商场的销售人员，在汇总周末销售数据时，发现在周末，看似风马牛不相及的儿童尿布与啤酒、香肠出现在同一张付款单中的频率极高，销售人员通过深入调查发现，英国男人周末有观看足球比赛的习惯，看球赛时他们还要喝啤酒、吃香肠，但是又必须同时照顾小孩、更换尿布，这样一来就将3种不同属性的商品在特定场景中关联起来，从而为销售人员提供了周末商品摆放的位置信息，即“至少在周末，需要将这些商品放置在人眼所及的范围内，这样做既可以增加这些商品的销售量，也可以避免这些英国男人在商场各处寻找这些商品，提升购物体验”。尽管销售人员利用的数据规模还达不到大数据规模，但通过数据间隐藏的关联关系推导出了上述知识，显然，这个知识的发现，是从大量付款单中，发现了这3种商品在周末特定时段所形成的特殊、临时性关联关系，与此不同的是传统知识的发现来源于问题、假设，试验、推理、验证过程所体现的因果关系。不要小看这个示例，它告诉人们，知识获得的方法不仅有实验科学的“因果推导”方法，还有数据科学的“关联推导”方法，后一种方法就需要大量“数据”来支撑。这个示例同时也说明，数据中隐藏的关联关系，有可能与目前人类知识是冲突、矛盾的，甚至是有违伦理或根本无法解释的，这就是目前机器学习结果的不可解释性问题。因此，在一般领域，人们对掌握学习结果的需求胜于可解释性需求，但在一些敏感性高、风险性高的领域，不可解释性的结果常常会被拒绝，比如在医疗、核能、航天等领域中，关系到生命安全、重大投资安全时，机器学习的结果只能作为决策的辅助参考知识。

综上可见，机器学习就是从数据中学习，这说明机器学习天生就与数据有密切联系，而且学习结果的质量也与数据数量、质量呈正相关。所以说，没有数据何来机器学习？这正如学生没有书籍如何学习一样。人也好，机器也好，为其提供足量的、正确的、恰当标注的、合适的、分布均衡的数据，是达成学习目标的基本前提，这就是机器学习的“数据之痛”问题，归根结底还是成本问题。

（二）机器学习的“算力之困”

1. 强大算力的成本之困

谷歌旗下DeepMind公司，以AlphaGo Zero的自学习、自博弈回应了外界借助3 000万人类棋手棋谱知识才能赢棋的质疑后，又以AlphaZero回应了只能应用于围棋游戏，不能跨界应用于其他游戏的质疑，在回答这些质疑过程中，无论是AlphaGo Zero还是AlphaZero，都向人们传递了对象棋、围棋的“新理解”，极大地拓展了人类对这些游戏的“认知”边界，甚至帮助人类发现了隐藏至深的错误着法，让人类顶尖高手从不屑一顾到大吃一惊，再到虚心学习，不经意间为通用人工智能的研究提供了一个成功的范例。不可否认，这些成就是以谷歌所建立的强大计算能力为支撑，而且在打通软硬系统连接方面，谷歌从来都舍得投资，毫不吝啬地按当时世界上最高配置为每款应用产品设计专用的计算支撑平台。因此，谷歌的Alpha系列产品获得了当今人工智能领域的最高成就，其成功不仅仅是棋类游戏的里程碑式成就，而且也带动了其他学科、技术的大发展。在此以支撑AlphaGo的算力为例，予以说明。

四核八线程的CPU应该是比较常见的个人电脑配置，下面就以此配置为参考点，介绍谷歌的Alpha系列产品中机器学习对算力的依赖。从前文可知，AlphaGo Fan版本使用了1 920个CPU和280个GPU，如果换算成使用四核八线程的CPU配置的电脑的话，Fan版本的硬件配置算力相当于上千台PC集群的计算能力，当然这个对比不一定准确，但以此对比可以帮助读者理解建立起一个强大算力的困难程度。

GPU就是人们常说的“显卡”，即图形处理器，它是一种配备在个人电脑、工作站、游戏机和一些移动设备（如平板电脑、智能手机等）上的、专门用于高效处理图像和图形的微处理器。GPU高吞吐率和低延时的特点，能够满足大规模数据运算、高性能计算、深度学习等特殊需求，是目前人工智能底层的核心支撑硬件。与CPU相比，GPU具有更多的核心和更高的内存带宽，更适用于科学计算、计算机视觉、深度学习、图形渲染等特殊计算，也是游戏玩家的计算机必不可少的配件。由于高性能GPU拥有高水平图像处理的超强计算能力，其价格不菲，往往单个旗舰级GPU的价格甚至超过一台常规个人电脑价格的总和，高端GPU如A100、H100等产品，其价格甚至高达十余万元。

至于AlphaGo Zero等版本所使用的TPU芯片，被谷歌用于为AlphaGo、搜索、翻译、相册等专门产品的机器学习模型提供算力支撑，是一种专为深度学习而特别定制的高性能特殊计算芯片，包括多个处理核心、矩阵乘法单元、高速缓存、内存控制器等。如果在此简单地以浮点数运算能力（浮点数运算能力的衡量单位为Gflops，常见的个人电脑的浮点数运算能力在200Gflops左右，TPU则达到了10亿Gflops）为对比标杆的话，1台配备高端GPU工作站、GPU服务器的浮点数运算能力就相当于5台甚至10台以上个人电脑集群计算能力，如果再配置TPU的话，那么1块TPU的浮点数计算能力就相当于1 000台以上高端服务器集群的计算能力，折算成个人电脑就是万台以上的集群计算能力，这是非常恐怖的计算能力了。有研究表明，相较于使用GPU集群或者

GPU与CPU结合的异构计算解决方案，TPU与同时期CPU、GPU相比，可以提升15～30倍性能（指单位电能消耗功耗的性能）和提高30～80倍效率，特别在神经网络运算效率上，TPU性能更为惊人，可以达到CPU的70倍以上。

AlphaGo Lee版本使用了48块第一代TPU芯片TPU1[14]，8位整数的运算速度高达92万亿次/秒，16位整数的运算速度达到23万亿次/秒，在第二代TPU芯片TPU2的半精度浮点数情况下，运算速度则达到45万亿次/秒，目前TPU已经发展到第五代。仅2017年5月发布的TPU2就已经具有机器学习模型的训练和推理新能力，TPU2能够实现180Tflops（1Tflops为1万亿次浮点运算/秒）浮点运算的计算能力。从上可见AlphaGo获得的算力支持惊人，显然小型企业无法实现这样的配置，既有投入成本问题，也有使用成本问题，换句话说，这些应用效果难以广泛在商业级应用中得到展现，这也是目前“机器学习对算力依赖的困窘”。

2. 强大算力的能耗之困

强大算力需要的用电量是惊人的。从资料来看，AlphaGo下棋大约需要1MW功率电力支持，其电能消耗相当于100个家庭1天的用电量。以获得硬件超强支撑需要的投入作为参考对象，将AlphaGo的电力消耗与人相比较，情况又是怎样的呢？从生物学可知，人拥有神经元超过千亿级的大脑，但是如此庞大且复杂的神经元网络，其功率消耗仅仅只有20W，是AlphaGo所耗功率的五万分之一。在2016年春天的人机大战中，世界围棋冠军李世石比赛前的早餐与AlphaGo庞大的后援支持团队相比较，可以发现人脑才是世界上最经济的、最高效的计算单元。因此，从能耗、经济性角度来讲，计算机要战胜人类，距离还相当遥远。

这些数据或许不够准确，可能会有较大误差，但也反映出人机大战中，AlphaGo的算力支持、能源消耗和软硬件支持与人脑比较而言是巨大的。因此，在人工智能应用中，不能只关注结果，还需要关注过程，实际上这也是目前全球部分国家在人工智能领域竞争的底层逻辑，即发展计算基座，并全力降低能耗、研究新算法，为人工智能应用普及创造可行的基础条件，让企业、普通老百姓用得起，而非只是“高高在上”的先进技术。人工智能面对的问题，包括诸如如何解决计算机博弈中机器学习所面对的高投入、高能耗、高成本的“算力之困”问题，这是迈向通用人工智能之路必须解决的难题。

其实，谷歌内部也已经注意到“能耗之困”问题。但因为资金雄厚，谷歌开发AlphaGo后续版本时，才考虑“是否值得的问题”。为此谷歌尽可能优化、改进算法、算力支撑硬件。比如对AlphaGo Zero版本的神经网络结构进行简化，将策略网络与价值网络合二为一，合并后的神经网络同时还要负责评估与决策，并在自博弈中不断地更新、提升自己的下棋能力，减少AlphaGo Zero在每个决策点上的搜索次数，极大地减少了搜索时间和搜索次数，显著提高计算效率，极大减少学习时间，所需的计算机设备规模也大为减小。

总而言之，机器学习算法的能耗是一个重要问题，随着技术的发展，这个问题正逐步得到解决，当然通过优化算法、硬件设备和管理，可以提高机器学习算法的计算效率，加快算法执行速度，从而为人工智能技术的应用提供更为强大的支持。

（三）“从零开始”的AlphaGo Zero

1. 对AlphaGo的质疑

AlphaGo围棋程序从2015年战胜欧洲围棋冠军樊麾的Fan版本开始，历经2016年战胜世界围棋冠军李世石的Lee版本，到2017年打败中国围棋第一人柯洁的Master版本，战绩辉煌，打遍当今全球围棋高手。但是，围棋界仍然有不少选手和一些知名的专家学者，对AlphaGo战绩提出质疑：其一就是AlphaGo借助人类积累的、超过3 000万盘棋谱数据取得的胜利仍然是人类的，不能全部归功于AlphaGo；其二是AlphaGo利用了强大的算力支持，与人类棋手相比电力消耗极高，胜之不武。

对比分析发现，樊麾面对的AlphaGo Fan版本相当于千台个人电脑形成的强大算力支持，李世石面对的AlphaGo Lee版本有48个第一代TPU1支持，接近5万台个人电脑集群的算力支持。从硬件强力支撑角度来讲，AlphaGo与人类围棋冠军的对战，并未跳出“深蓝”与人类国际象棋冠军对战的套路，都是利用机器的强大算力来碾压人类棋手，就像汽车虽是人类发明的运载工具，但在运动速度、载重量上，汽车是碾压人类的，让汽车与人比赛速度、载重量就有点胜之不武了。有这样的质疑是正常的，从侧面来讲，人工智能并不可怕，单纯从能量消耗、成本投入来讲，人脑仍然是地球上最聪明的，即使在强大的人工智能面前，人类也无须妄自菲薄。

2. 强化学习与深度学习的关系

面对这些质疑，谷歌DeepMind团队再次开辟新的技术路线，放弃3 000万人类棋谱数据，着手让AlphaGo “从零开始”。2017年10月19日，DeepMind在国际知名学术期刊《自然》上发表了一篇论文，认为：“人工智能的一个长期目标是一种算法，它可以在具有挑战性的领域中学习超越人的技能。最近，AlphaGo成为第一个在围棋比赛中击败世界冠军的程序。AlphaGo的树搜索使用深度神经网络评估位置和选定移动。这些神经网络是通过对人类专家动作的监督学习和自我对弈的强化学习来训练的。关键是AlphaGo自己能够成为指导自己的老师，即‘训练神经网络来预测AlphaGo自己的走法，并成为游戏的获胜者’。”此处的神经网络提高了树搜索强度，从而能在下一次迭代中产生更高质量的走法，并供后续选择，进行更强的自我对弈，这就是著名的深度强化学习算法。

在此，先厘清几个概念之间的关系，如图4-2所示。由于之前的学习算法提出了“数据标注”问题，而这是在现实中完成的，最初人们并不知道需要标注什么，甚至不知道如何区分数据的好、坏，此时便提出一种方法——强化学习方法。强化学习不是先标注数据，而是先设计一个回报函数，通过回报函数来决定当前状态的“好”“坏”结果，其数学本质是马尔可夫决策过程（Markov decision process），最终目标是确保决策过程中整体回报函数期望的最优。在强化学习过程中，面对的应用场景常常是连续的、复杂的、高级的。比如要进行图像分类，就需要确定图像特征，此时特征选取得好坏对分类结果的影响就非常大。因此，选取什么特征，怎么选取特征对于解决实际问题非常重要。人为地选取特征既耗时、耗力，且对大量未知的东西进行分类并没有什么规律可循，因此，选取结果的好与不好，在很大程度上依靠经验、运气。既然人工选取特征操作困难，那么，是否可以让计算机来自动学习特征，并进行处理呢？这就是自动学习特征的方法——深度学习。深度学习就是利用人工神经网络作为工具进行特征提取或参数估计、预测的机器学习方法。

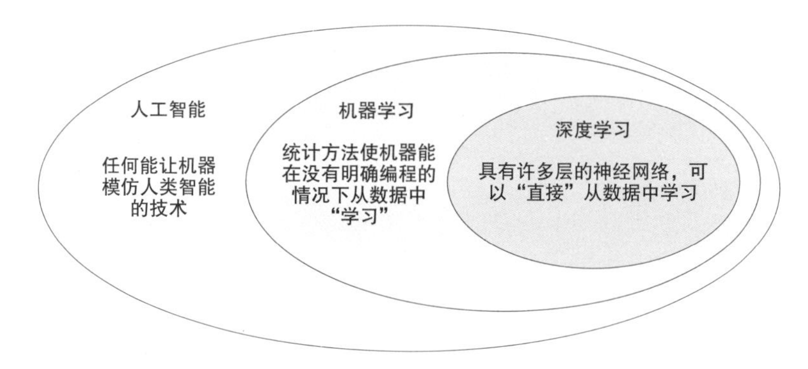

图4-2　人工智能、机器学习与深度学习的关系

综上可见，深度学习是由神经网络模型发展而来，而强化学习则是一种机器学习模型的学习方式，目前常见的机器学习方式包括有监督学习、无监督学习和强化学习3种，其中有监督学习与无监督学习的区别在于有没有“监督”，即有没有预设“参考答案”，而强化学习是从环境中学，基本思路是模仿生物的“趋利避害”做法，根据反馈来不断调整行为，从而发现一个最优行动策略。因此，深度学习和强化学习是两个不同但有交集的研究维度，二者的交集就是深度强化学习，比如DeepMind的Alpha系列产品，OpenAI的ChatGPT，腾讯的王者荣耀AI等都是深度强化学习的典型应用成果。

3. 强化学习的工作原理

DeepMind发表在期刊《自然》上的论文中提到：新版围棋程序Zero是从空白状态学起，在无任何人类经验知识输入的条件下，不使用“人类棋谱知识、经验”并能够“自我训练”，这无疑是Zero版本的最大亮点，但支持这个亮点的是强化学习算法。Zero版本使用4个第二代TPU2作为基础算力支撑，它从零经验开始，自我训练3天，自我对弈棋局数高达490万盘，然后就以100：0战绩战胜Lee版本，经过40天训练，以89：11的比分击败Master版本。此新算法与第二代TPU2相结合，展现了惊人的超强实力。DeepMind团队不仅以AlphaGo Zero版本的辉煌战绩回应了人们的质疑，而且还让AlphaGo Zero版本在极短时间内，发现了千百年来人类总结出来的诸如征子、定式等“围棋规律”。可以说强化学习算法是这一切的基础，下面就以通俗易懂的方式介绍强化学习算法。

首先，下棋的目标是什么？答案是指导AlphaGo如何在棋盘的空位上落子，比赛进行到棋盘上没有可落子的“空位”时，比赛结束，并以双方“圈地”内棋子数的多少判胜负。围棋是一种双方所有信息都是透明的完美信息博弈，是标准的双方轮流走子的序贯类博弈。所有棋子子力相同，在棋盘19×19网格上最多可下361颗棋子，每个网格节点有空位、黑子、白子3种状态，理论上围棋博弈树的状态空间有3^{361}之巨，约等于10^{172}，显然，利用穷举法搜索这个状态空间，以求得最佳走步是不可能完成的事情。

其次，在围棋对弈中，黑白双方都面临着在什么空位落子的选择问题，由于蛮力搜索无法解决问题，那么可以考虑使用如下两个方法。

（1）计算出棋局局面上每个状态的价值，如当棋局处于甲状态时，提前预测出甲状态后下一步可能落子的棋局状态乙、丙、丁等，并计算出这些局面状态的价值。此时，抉择就变得极其简单，只需要选择能够获得最高价值的落子方式即可，假设每次落子都应用贪心策略，那就达到下棋全局最优。

（2）如果不能以第一种方法完成，那么，能否计算出每个状态下具体落子动作的价值呢？也就是当棋局处于甲状态时，计算出所有落子的价值，显然，只要算力足够强大，这个问题是可以解决的。当计算完成后，同样应用贪心策略，那就同样能获得全局最优解。

引入强化学习算法后，上述两个解决方法无非就是完成两类动作：①动作A。预测当前棋局状态后续每个状态的价值。②动作B。预测当前状态下所有可能出现的下棋动作价值。无论是选择动作A还是选择动作B，此后都能解决落子选择问题。实际操作中，强化学习算法有可能同时执行A、B这两个动作，也有可能选择执行其中某个动作，这主要依据算力或者当时棋局状态情况来确定。而且，在学习过程中发现了一个有趣现象：当AlphaGo Zero发现落子位置处于对方“征子”范围时，就自动将这个“征子”范围排除在落子的选择之外，避免无效的计算、搜索。当然，“征子”这一知识也是Zero版本通过自学所获得的，并非来自人类的经验知识。

最后，A、B动作具体交给谁来完成呢？答案是动作A由蒙特卡洛树搜索法来完成，动作B由Q-learning方法来完成。蒙特卡洛树搜索法的实施过程是什么样的呢？假如在某场游戏中，需要进行多场对战并记录下每场对战的每个局面状态的奖励值，那么可以想象一下，同样局面在多场对战中可能出现若干次，每次的奖励值也可能是不相同的，但不妨碍采取简单的加权平均方法计算获得奖励值。显然，只要对战场次数量足够多，那么将这个平均奖励值作为这个棋局状态的价值就是可行的，而且当对战次数达到百万次以上，那么这个值就会越来越接近理想中的值了，而反复、重复对战正是计算机最擅长的事情，哪怕是千万次、亿次，对计算机而言都是极易实现的。如此，通过海量模拟、训练，即可获得动作A需要的不同棋局中每个状态的价值。

至于Q-learning方法，就是完成“预测当前状态下所有可能落子的价值”。Q-learning是一种与模型无关的强化学习算法，本质上是优化一个可迭代计算的Q函数［Q，I］。从某种程度来讲，完成动作B比完成动作A更方便，因为此时只要知道某个棋局状态下所有落子的奖励值，选择最高奖励值对应的落子动作即可。

为帮助读者理解Q-learning，以一个实例予以说明：假如有一个小孩正在写作业，他妈妈明确告诉他“不写完作业，就不能看电视”，为此，先定义好和不好两类行为，即好行为是“写完作业，能够获得奖励（看电视）”，不好的行为是“没写完作业，就去看电视”。然后，针对Q-learning的决策过程本身，对上述场景定义两个具体动作：动作$a1$为“写作业”、动作$a2$为“看电视”。最后，假设现在处于“写作业的状态”，将其定义为$s1$，显然在状态$s1$下，$a1$动作带来的奖励比$a2$动作高，此时可以用具体的量化数据表示，如规定Q（$s1$，$a1$）=1，Q（$s1$，$a2$）=-1，按照Q-learning方法，自然选择Q值大的动作$a1$进入状态$s2$；在$s2$状态下也同样有两个类似的动作$a1$、$a2$，再次计算每个动作的Q值，并比较Q（$s2$，$a1$）、Q（$s2$，$a2$）大小，选取较大值，并进入状态$s3$；依此类推，重复上述过程。这就是Q-learning的决策过程，随着Q值的不断更新，每次更新实质上就是一个自我择优的学习过程，为今后的动作选择提供了指引，从而引导落子序列向理想的方向收敛。这个过程类似于在教育学生的过程中，需要不断地鼓励学生，对学生行为进行纠偏，持续不断地重复这个过程，最终使学生完成学习目标。

以AlphaGo命名的计算机程序自2015年10月横空出世到2017年10月宣布退役，在这短短24个月内，它战胜中国、日本、韩国顶尖围棋高手，并不断挑战人类对围棋的认知，让人类大开眼界，AlphaGo Zero向人们展现了在信息时代中，知识更新的超快速度和人工智能的强大威力，也将人工智能推向了更高的山峰。

（四）“从零开始”的AlphaZero

AlphaGo并非真正退役，而是DeepMind认为它在围棋领域已经没有对手，继续研究的价值不高，需要换赛道让AlphaGo继续进步，这就产生了Alpha家族的AlphaZero新产品。在研究中，DeepMind团队非常兴奋，因为他们在AlphaZero下棋过程中发现了一种极具突破性、高度动态而且完全“不同于传统”的下棋风格。这个成果于2018年12月被DeepMind发表在全球知名学术期刊《科学》上，该期刊对这个最新成果进行了详细解析和完整评估：评审编辑已经确认论文描述的AlphaZero是如何快速学习每个棋类的，在仅仅获得游戏基本规则、完全不存在内置知识和经验指导基础上，从棋盘空位中随机落子开始，一步步成长为有史以来最强大的计算机“棋手”。据报道，AlphaZero“从零开始”，自主学习了国际象棋、将棋、围棋。AlphaZero经过13天训练就成长为顶级高手，接着以摧枯拉朽之势横扫AlphaGo以前的所有版本，包括以100：0打败战胜李世石的AlphaGo Lee版本、以60：40打败AlphaGo Zero版本等。

AlphaZero与AlphaGo Zero的最大区别是AlphaZero不仅能下围棋，还能下日本将棋和国际象棋。实际上，AlphaZero经过13天学习后，开始与世界冠军级的其他棋类游戏AI对战。在国际象棋的机–机对战中，AlphaZero经过4小时训练，击败了第九季TCEC世界冠军Stockfish程序（Stockfish是继“深蓝”后独霸国际象棋领域的最著名程序之一）；在与Stockfish对战的100场比赛中，AlphaZero取得28胜、72平，无一败绩。在日本将棋对抗中，AlphaZero经过2小时训练，击败了日本将棋冠军程序Elmo。以下为具体的对决内容[15]：

①Stockfish、Elmo两个程序都采用了与TCEC世界锦标赛时相同的44个CPU，而AlphaZero、AlphaGo Zero则配备4个第一代TPU1和44个CPU。

②所有比赛均采用单场3小时制，每步棋可额外增加15秒。在所有对决中，AlphaZero都以毫无争议的方式击败各个对手。

其中，在与2016年TCEC（第9季）世界锦标赛冠军Stockfish程序对决中，AlphaZero获得155场胜利且失误率仅为6‰。为验证AlphaZero的稳健性，还刻意为双方准备由人类常规开局所形成的残局，而且无论选择哪种残局，AlphaZero均能击败Stockfish。此外，比赛中也让刚刚升级的Stockfish最新版本参加了对决，AlphaZero仍然获得了胜利。在日本将棋方面，AlphaZero击败了冠军程序Elmo，胜率高达91.2%。在围棋方面，AlphaZero战胜了相同硬件配置的AlphaGo Zero程序，胜率超过60%。

从上可见，AlphaZero是一次人工智能的大发展，它不以人类为师，而是以无师自通的方式，称霸棋类游戏。根据DeepMind公司的介绍，AlphaZero之所以能超越之前所有版本，是因为发现了非常规策略并创造了新着法。此时又产生一个新问题：这种从零开始学习每种棋类的能力，由于不受人类固有思维约束，以此产生出一些独特的、有悖于“传统发现”（由于没有得到相应的论证、推导，这些发现暂时还不能上升为人类认可的“知识”）的知识。国际象棋大师马修·萨德勒（Matthew Sadler）与女子国际象棋大师娜塔莎·里根（Natasha Regan）在《棋类变革者》（*Game Changer*）一书中分析了AlphaZero数千盘国际象棋对弈过程，发现AlphaZero风格不同于任何传统的国际象棋引擎，指出“这就像是发现古代棋艺大师的秘籍一样兴奋”。AlphaZero利用一套深层神经网络与大量通用型算法，取代人类积累下来的那些规则、棋谱、定式等，而且这些算法，除了了解对接棋类的规则外，其他的一无所知。正因为如此，AlphaZero才能跨越多个棋类，成为棋类中一个比较通用的引擎，这实质上是从单一围棋的专门人工智能演化发展成为面对多个棋类游戏的通用人工智能，这是人类迈向通用人工智能的一小步，期待着今后的更大一步。

（五）会玩“星际争霸Ⅱ”的AlphaStar

1. 趋之若鹜的实时策略游戏星际争霸Ⅱ

为增加博弈难度，进一步探索通用人工智能，2019年DeepMind推出了Alpha家族的另一个产品，即AlphaStar（中文名叫阿尔法星），并以此回应外界对Alpha产品不能玩复杂度更高的实时策略游戏的质疑。当时DeepMind选择了全球最火的“星际争霸Ⅱ”策略游戏，并在短时间内就“教会”了AlphaStar“玩”星际争霸Ⅱ，而且在3场比赛中AlphaStar都赢得大师称号。在官方公布以人类玩家为主的排名榜中，AlphaStar排在前99.8%，但此处还有0.2%差距，这说明AlphaStar还没有碾压人类选手的实力，但这个成绩已经是利用深度强化学习方法在实时策略游戏中的最好成绩了，由此说明，AlphaStar不仅会玩实时策略游戏“星际争霸Ⅱ”，而且能够比绝大多数人类玩家玩得更好。由于实时策略游戏与军事对抗存在高度相似性，自然就给人们留下想象空间：深度强化学习方法等是否也能颠覆性提升军事决策能力？带着这样的问题，先将目光拉回到“星际争霸Ⅱ”游戏上。

星际争霸Ⅱ是一款模仿军事对抗场景的经典大型游戏，游戏包含4类任务：①占用“资源”。指挥军队占领“资源产出地”并采集“资源”，考验玩家战前谋划能力。②使用“资源”。通

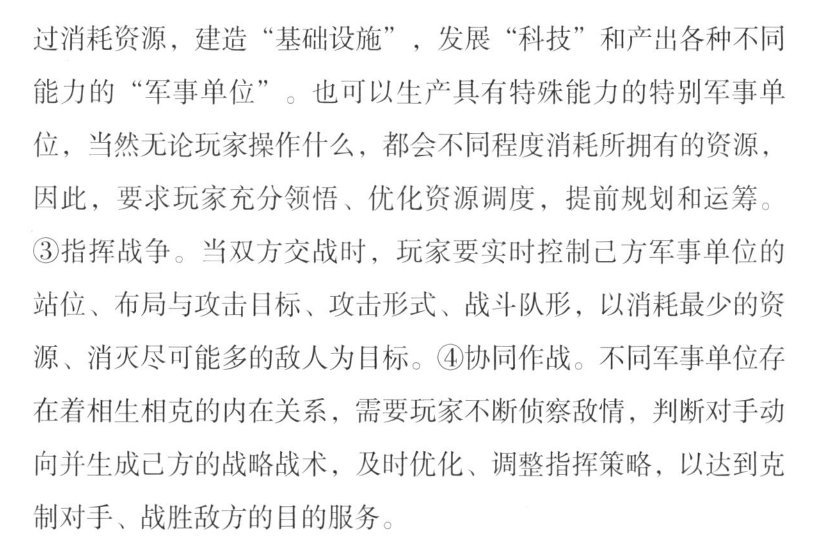

过消耗资源，建造“基础设施”，发展“科技”和产出各种不同能力的“军事单位”。也可以生产具有特殊能力的特别军事单位，当然无论玩家操作什么，都会不同程度消耗所拥有的资源，因此，要求玩家充分领悟、优化资源调度，提前规划和运筹。③指挥战争。当双方交战时，玩家要实时控制己方军事单位的站位、布局与攻击目标、攻击形式、战斗队形，以消耗最少的资源、消灭尽可能多的敌人为目标。④协同作战。不同军事单位存在着相生相克的内在关系，需要玩家不断侦察敌情，判断对手动向并生成己方的战略战术，及时优化、调整指挥策略，以达到克制对手、战胜敌方的目的服务。

2. AlphaStar基本工作原理

总体来讲，AlphaStar沿用了Alpha家族产品的一贯做法，仍然是使用机器学习方法、利用专用硬件搭建强大算力支持基座。具体来讲就是，首先开展有监督的深度学习训练，待达到基本水准后，再通过强化学习，不断提高对抗水平，最后引入多个AI，用以赛代练方式开展联赛训练，从中发现最优AI决策，从而达成自主学习效果。从AlphaStar的成功可以得到如下启示：

（1）模仿学习非常重要，不使用人类任何先验知识很难成功，因为“从零开始”并不是空中楼阁，这个“零”起点在哪里，也是非常有考究的，而且本质上来讲这个“零”也并非真正意义的“零”，这就犹如婴儿出生时饿了会哭且知道吃奶，显然不能认为婴儿什么都不懂，婴儿已经被先天赋予了一些基本生存和感知技能。所以说，此处“零”起点只是相对概念，是比较低的起点而已，而不是真正没有使用人类任何知识。Alpha家族的系列产品“从零开始”也是如此，它们的起点仍然需要人类提前搭建软件框架、提供算法代码、建立算力基座等。

（2）AlphaStar使用了长短时记忆网络模型（long short-term memory，LSTM），LSTM实际上也是一种深度学习方法，旨在解决之前梯度消失和梯度爆炸问题，赋予以前模型所没有的长期保存信息的新能力，从而使AI获得了一种能通篇思考、整体谋划的能力。这种方法在OpenAI的ChatGPT大模型撰写长篇论文、编写大段代码中，得到了更充分的体现。

（3）搭建联赛式训练平台，制订AI以赛代练规程，建立类似于足球联赛的训练新模式，实现了高强度的强化训练，快速达成AI“作战能力”的跃升。

无论从对抗场景的复杂性，还是策略构造的长期性、谋略与算计的艰巨性，星际争霸Ⅱ都比以前的序贯类游戏项目更为复杂，难度增加也不止几个数量级，而且极其接近战争的真实场景，这也就不难理解AlphaStar为何难以达到AlphaGo、AlphaZero打遍全球无敌手高度。如表4-1中比星际争霸Ⅱ更复杂的诸如OpenAI的刀塔（Dota2）、腾讯的王者荣耀、多人德州扑克等多人的团队对抗策略游戏，其决策智能的构建更加困难。在未来大规模、高动态、强对抗的战场环境中，需要提前赋予各类武器装备、战斗团队的智能决策能力，必将规模化应用人工智能技术、方法，以此显著提升决策智能，这是军事人工智能研究与应用的大势所趋。

表4-1　常见计算机博弈项目特征汇总

项目名称	典型案例	决策类型	博弈类型	技术方案实施参考
国际象棋	Deep Blue	序贯交替	2人完美信息	局面评估、启发式搜索
围棋	AlphaGo	序贯交替	2人完美信息	策略网络、价值网络、蒙特卡洛树搜索
两人德州扑克	DeepStack	序贯交替	2人不完美信息	反事实值估计、在线自博弈深度受限的搜索
六人德州扑克	Pluribus	序贯交替	6人（1对5）不完美信息	蓝图策略、在线自博弈深度受限的搜索
麻将	Suphx	序贯交替	4人（1对3）不完美信息	深度强化学习、Oracle引导
斗地主	DouZero	序贯交替	3人（2对1）不完美信息	深度蒙特卡洛、分布式强化学习
桥牌	JPS搜索	序贯交替	4人（2对2）不完美信息	联合策略搜索、双明手
无压迫外交	SearchBot	序贯交替	7人（合作-对抗）不完美信息	监督学习、均衡搜索
花火	K-level推理	序贯交替	（多人合作）不完美信息	零样本协同、它对弈（other play）
格斗	RHEAOM	即时响应	2人（1对1）不完美信息	滚动时域演化、对手建模
刀塔	OpenAI Five	即时响应	团队对抗（5对5）不完美信息	大规模强化学习、迁移学习
星际争霸Ⅱ	AlphaStar	即时响应	2人（1对1）不完美信息	监督学习、联赛训练
王者荣耀	绝悟	即时响应	2人或10人（1对1或5对5）不完美信息	自博弈、学习编组

3. 更加困难的军事博弈决策智能

当下人工智能技术对军事决策智能支持是有限的。关键原因是当下应用最有效的机器学习算法，还停留在基于关联关系推理水平，没有应用被人类广泛接受的、被历史发展反复验证认可的基于因果关系的推理方法，因为基于关联关系的推理存在的最大问题是推理结果缺乏可解释性，可能出现“结果是正确的，过程却不透明，甚至错误”的现象，这在军事领域是难以获得认可、不能被接受的。这样的情况放在影响范围窄、危害性小的场景是可以被接受的，比如下棋、打牌结果不外乎是输赢，不关乎生死。然而，对于战争来说，面对生死相搏、你死我亡的场景，决策的推理过程就必须严谨、可解释和可理解。所以说，目前机器学习算法的不透明性，也是向更重大应用场景推广应用的一大障碍。

此外，目前AI也不具有类似于人对模糊场景的认知决策能力，它们难以有效结合或者充分考虑与利用人的主观意愿、认知知识和决策经验，也就是说AI目前还不具有认知决策的能力。当下，利用AI完成战争决策多数还只停留在利用关联关系推理得到策略、完成决策。针对复杂多变的、强对抗的战争场景，仍然可以使用系统工程的“分而治之、化繁为简”方法，将战争分解为多个战争子场景，这些子场景可以是士兵对士兵、团队对团队、国家对国家等。显然，这些场景都是以某方试图用武力迫使对方服从自己意志为本质，以打垮对方、使对方放弃抵抗为目标。为了达到战胜对方、打败对方、保护自己的目标，各方都会最大程度使用先进技术、先进装备、高超技能来“武装”自己。然而，技术、装备、技能需要试验、演练，而这些“试验”“训练”过程需要花费时间、物力、人力，而且，在和平年代也难以开展炮声隆隆的真枪实弹演练。因此，搭建一个仿真平台来模拟战争场景、推演战争进程，以此学习战争、理解战争，就成为经济有效而且可行的训练方式，类似于AlphaStar这种实时策略游戏模拟平台就是一种比较好的选择。

综合来看，战争场景是开放性的，与计算机博弈目前的下棋、打牌存在巨大不同，主要表现在战争场景场面更宽广，变化因素更多，不确定性更大，这对需要智能决策的AI提出了更多的其他能力需求，如实时性、可扩展性、兼容性、鲁棒性等，这些能力将直接影响AI的实用价值和用户体验。人工智能仍然任重道远，需要策马加鞭。

二、计算机博弈发展新动向

无师自通、超越人类、孤独求败，以AlphaGo Zero、AlphaZero为代表的计算机博弈程序，不断扮演着人工智能发展的催化剂、助推器的角色（图4-3）。在配备当时最先进计算机硬件技术基础上，应用算法，不断地给人类带来认知上的大突破，产生了更复杂多样的神经网络结构和学习机制，为人类解决更困难、更复杂的问题，提取更深层次特征，达到更优效果，提供了可参考的案例和发展的可能性，也不断地证明GPU集群运算效率在人工智能领域远远超过传统CPU集群运算效率，为神经网络训练和推理提供了强大硬件支撑，昭示着通向通用人工智能之路已经在向人们招手致意。本节从计算机博弈技术向其他领域渗透的角度，介绍当下计算机博弈发展动向。

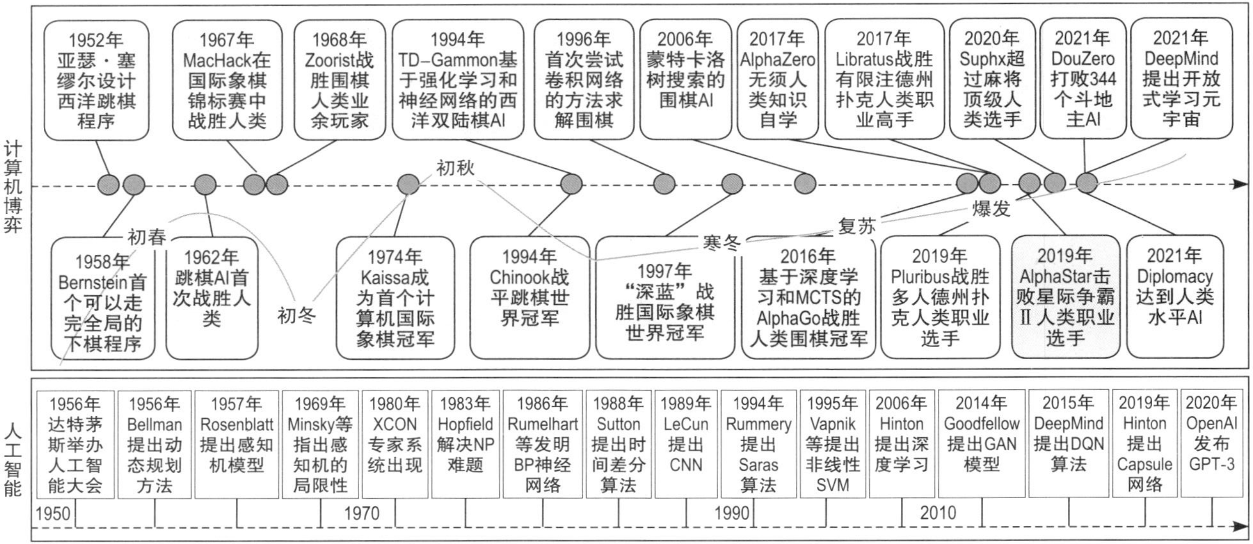

计算机博弈

1952年 亚瑟·塞缪尔设计西洋跳棋程序

1958年 Bernstein首个可以走完全局的下棋程序

初春

1962年 跳棋AI首次战胜人类

1967年 MacHack在国际象棋锦标赛中战胜人类

1968年 Zoorist战胜围棋人类业余玩家

初冬

1974年 Kaissa成为首个计算机国际象棋冠军

初秋

1994年 TD-Gammon基于强化学习和神经网络的西洋双陆棋AI

1994年 Chinook战平跳棋世界冠军

1996年 首次尝试卷积网络的方法求解围棋

寒冬

1997年 “深蓝”战胜国际象棋世界冠军

2006年 蒙特卡洛树搜索的围棋AI

2016年 基于深度学习和MCTS的AlphaGo战胜人类围棋冠军

复苏

2017年 AlphaZero无须人类知识自学

2017年 Libratus战胜有限注德州扑克人类职业高手

2019年 Pluribus战胜多人德州扑克人类职业选手

爆发

2020年 Suphx超过麻将顶级人类选手

2019年 AlphaStar击败星际争霸Ⅱ人类职业选手

2021年 DouZero打败344个斗地主AI

2021年 DeepMind提出开放式学习元宇宙

2021年 Diplomacy达到人类水平AI

人工智能

1950 1970 1990 2010

1956年 达特茅斯举办人工智能大会

1956年 Bellman提出动态规划方法

1957年 Rosenblatt提出感知机模型

1969年 Minsky等指出感知机的局限性

1980年 XCON专家系统出现

1983年 Hopfield解决NP难题

1986年 Rumelhart等发明BP神经网络

1988年 Sutton提出时间差分算法

1989年 LeCun提出CNN

1994年 Rummery提出Saras算法

1995年 Vapnik等提出非线性SVM

2006年 Hinton提出深度学习

2014年 Goodfellow提出GAN模型

2015年 DeepMind提出DQN算法

2019年 Hinton提出Capsule网络

2020年 OpenAI发布GPT-3

NP—nondeterministic polynomially，非确定性多项式。SVM—support vector machines，支持向量机。GAN—generative adversarial networks，生成对抗网络。

图4-3 计算机博弈、人工智能的发展历程示意图

（一）谷歌AlphaDev的诞生

1. 谷歌的小心思

2023年6月初，由Google Brain与DeepMind刚刚合并而成的Google DeepMind宣布推出Alpha家族的新成员AlphaDev，这是一个利用强化学习改进算法代码的AI，它以人工智能的视角来改进并形成了一个速度更快的排序算法，打破了排序算法十年来“排行榜”的顺序，使其成为人工智能优化代码的重要里程碑。Google DeepMind首任CEO由“AlphaGo之父”哈萨比斯担任，哈萨比斯在社交平台上宣布“AlphaDev发现了一种全新的、更快的排序算法，在主要C++库之中已开源，供全球开发人员使用，这只是AI提升代码效率进步的一个开端”。这个成果在2023年6月全球权威学术期刊《自然》中以*Faster sorting algorithms discovered using deep reinforcement learning*为题的论文中得到印证。AlphaDev的重要意义在于：“通过优化和推出全球开发人员普遍使用的排序新算法，AlphaDev展示了AI具有发现新算法的超强能力，并将AlphaDev视为发展‘通用人工智能工具’的一个步骤，这些工具可以帮助优化整个计算生态系统，以及解决其他有益于社会的问题。”

实际上，在信息技术领域中，从在线搜索、社交媒体帖子推送、网店商品排序，到计算机、手机的数据处理，排序算法都被广泛应用。以浏览器为例，细心的用户会发现一些自己感兴趣的新闻会“自动”靠前，其实这就是有排序算法的功劳。可以这么理解，排序算法类似于汽车等大型机械产品中轴承这类基础部件，每天都会被频繁地调用来执行相应任务，其运行效率对上层的汽车影响甚大，对电能等资源的使用效能影响深远。因此，从这个角度来讲，AlphaDev对互联网中各类应用的底层贡献是巨大的，尽管隐藏在内部而不为人知，如同看得见汽车品牌，但看不见汽车发动机、零部件一样，不能否认这些零部件默默贡献并发挥基础性支撑作用。

2022年底，随着OpenAI发布的ChatGPT面世并火爆全球，一直处于全球人工智能领域领先位置的谷歌想再次领先的迫切心情已经显露。谷歌CEO桑达尔·皮查伊（Sundar Pichai）于2023年2月在其公司内部发布一份“红色代码”警告，要求谷歌旗下产品尽快接入生成式AI。因此，不排除发布AlphaDev是谷歌在OpenAI大模型火爆后的一个“战略性”动作，而且，AlphaDev利用强化学习发现并自主构建新的排序算法，运行效果超越了科学家和工程师数十年精心打磨出来的排序算法，运行速度提高了70%，这确实是人工智能领域的一大突破，既实现了“用AI自己发现新算法”的历史性跨越，也为人类能源节约做出巨大贡献。

本来，谷歌是想借此说明AI不仅可以“帮人写代码”（写代码是ChatGPT第3个版本的一大亮点），而且还可以“帮人写出更好的代码”（优化的排序算法对AlphaDev来说只是小菜一碟）。但是，没想到两三天后，谷歌就被ChatGPT用户怼上了——“不需要如此大费周章，也能产生类似的新算法”，该用户以实例操作说明ChatGPT也能完成类似的东西，并且将AlphaDev优化后的排序算法代码与ChatGPT对话生成的代码进行对比。但作者仔细观看了这个对比，认为并不能以此否认

AlphaDev的原创性贡献，从“0到1”永远比“从1到n”困难，因为前者是在黑暗中摸索，后者是在阳光下攀登。

2. AlphaDev如何发现排序新算法

AlphaDev发现排序新算法的过程，也与计算机博弈相关。事实上，DeepMind借鉴了在围棋、国际象棋等游戏中，屡次击败世界冠军的强化学习方法使用心得，让AlphaDev模仿AlphaZero的工作方式，AlphaZero结合了计算机推理与直觉，在棋盘中选择落子走法，AlphaDev在此不是选择如何落子走步，而是选择计算机编译系统中的指令，也就是让AlphaDev选择添加计算机底层指令集中的某些指令。这里有一个最值得学习与借鉴的地方，就是DeepMind为帮助AlphaDev发现新的排序算法，将这个排序问题转化为一个“汇编游戏”问题，即在每一轮改进中，AlphaDev需要观察它所生成的算法代码及其在CPU中所包含的指令信息，并通过在算法中添加、删除指令和运行来进行训练，以此发现最佳指令序列，这与AlphaGo不断试错、试做，以此发现最佳走步的思路是相同的。

但是，这个利用计算机底层指令集中指令组合而形成指令序列的“汇编游戏”，是非常困难的，因为这需要有效搜索大量可能的指令组合，以找到一个可以实现排序效果而且还要比当前最佳算法更快的指令序列（即新算法），因为此处“指令组合”的数量巨大，甚至可以直接与宇宙中粒子数量类比，它远远大于国际象棋10^{46}的走法组合，而且，任何一条指令的错误使用，都可能使之前构建的“指令序列”无效而需要从头再来。为此，在训练中，DeepMind根据AlphaDev正确排序数字的能力，完善排序的速度和效率，精心设计了奖励机制，以引导AlphaDev更快发现正确的“指令序列”。

从上可见，新算法的发现过程是DeepMind将在AlphaZero中已经成功应用的算法、策略、技术推广应用到其他领域的大胆试验，或者说是迈向通用人工智能的有益尝试，无论是哪种情况，这对人工智能的发展都是积极有益的。

（二）跨界的AlphaFold

1. Alpha的另类跨界

其实，除AlphaGo、AlphaZero、AlphaDev外，DeepMind还在医疗领域打造了Alpha家族的另一个产品AlphaFold，该产品目标是解决当今生物学中最大的挑战难题——“模拟蛋白质的形状”，DeepMind以此为起点开始涉足医药领域，谷歌母公司Alphabet公司也宣布成立名为Isomorphic Laboratories（下称Isomorphic）的新公司，旨在使用AI来发现新的药物。Isomorphic公司CEO与DeepMind的CEO都由“AlphaGo之父”哈萨比斯担任，目的是将DeepMind在计算机博弈领域的成功经验应用于解决现实世界中其他领域的问题。

长期以来，专家们一直在利用AI在生物医药领域中进行探索，以更快地发现治疗各种疾病的更便宜的新药物。如利用AI建成药物潜在分子的数据库，从中筛选出最适合特定生物目标的分子，或者是辅助某些潜在化合物的合成，通过微调得到理想药物。哈萨比斯为此讲道：“从基础层面来看，生物学可以被看成一个复杂且动态的信息处理系统，这也正是公司取名Isomorphic

（意为同构）所蕴含的意义，即公司拟在生物学和信息科学之间构建某种同构映射关系，二者之间可能存在共同的底层结构。尽管目前来看，生物学的复杂，远远不是数学方程可以解释的，但是，也许正如人类曾经无法想象物理、化学的规律在某一天被证明是可以使用数学来进行完美论证或描述的一样，未来同样可能会发现‘生物学也是可以用AI来进行完美解释和应用的’。”显然，这个目标是值得人们积极探索和大胆尝试的，这就是“数字生物学”，它不再局限于生物、化学等方法，而是利用全新的AI方法、技术，重构整个药物发现过程，最终模拟和理解生命的一些基本机制。使用AI方法不仅使得药物发现的过程加快，甚至有可能寻找到治疗某些对人类最具破坏性疾病的方法。哈萨比斯说道：“Isomorphic公司不会专门开发药物，而可能只出售AI模型并与其他制药和生物医学公司合作。”AlphaFold的目标就是利用多个外部开源程序和数据库，通过蛋白质序列预测其3D结构，发现多种蛋白质如何相互作用，尝试建立预测药物与身体相互作用机制的模型。在此前，估计谁都不会想到生物学会与AI、计算机博弈存在内在关系。

2. 谷歌重组后的Alphabet公司

作为当今最强大的人工智能公司，谷歌开始利用已经拥有的、掌握的人工智能技术、方法、策略，不断构造Alpha系列产品，不断追逐着“通用人工智能”梦想，这从改组后的谷歌整体并入名为Alphabet的母公司就可见一斑，如图4-4所示。

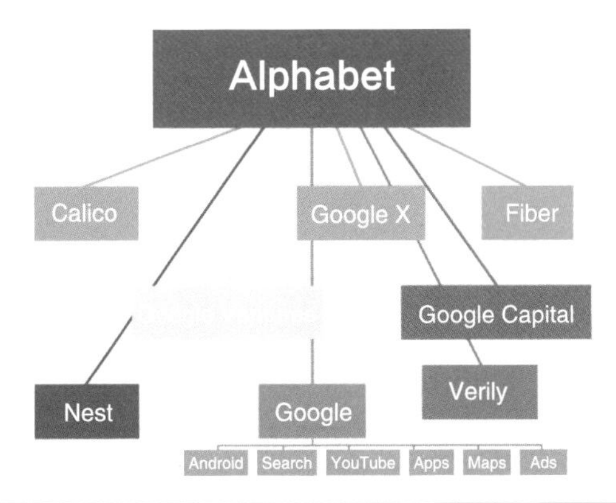

一级业务	二级业务	三级业务	详细业务
Alphabet业务	谷歌业务	互联网及相关业务	谷歌搜索
			谷歌广告
			谷歌地图
			谷歌火星
			谷歌月球
			YouTube
			安卓
			Chrome
			Google Play
			Gmail
			谷歌地球
			Chrome OS
		硬件产品业务	Chramecast
			ChromeBook笔记本
			Nexus手机
			谷歌自动驾驶汽车
		虚拟现实产品业务	谷歌眼镜
	其他投资业务		Access and Energy
			生物科技公司Calico
			智能家居公司Nest
			生命科学公司Verily
			风投公司Google Ventures
			投资基金Google Capital
			谷歌研究院（DeepMind）

图4-4　Alphabet的组织架构及其业务边界

最近10年来，谷歌研究院仅在人工智能领域就为世界贡献了Transformer、AlphaGo、AlphaZero、AlphaStar、AlphaFold、Word2Vec、WaveNet、序列到序列模型、深度强化学习算法、分布式系统及其软件框架等著名的人工智能工具或应用实例，比如OpenAI就公开承认，ChatGPT使用的基础模型包括Transformer，事实上这也是目前全球人工智能领域的深度学习模型架构的通用基础工具。除上述系列产品外，谷歌在硬件领域还有全球领先的如波士顿动力系列机器人、高性能专用芯片TPU、谷歌无人驾驶汽车等（图4–5）。

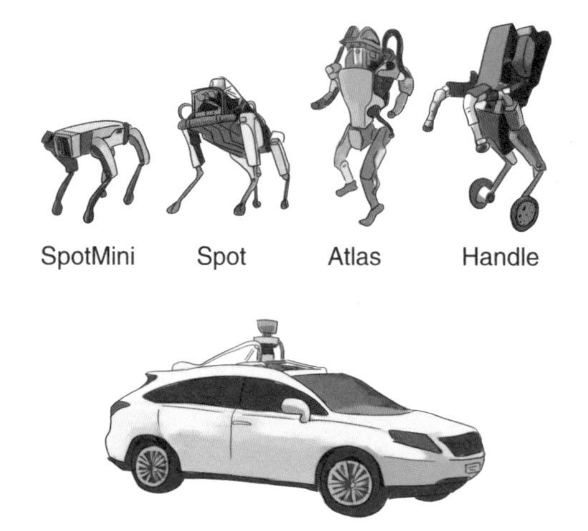

图4–5　谷歌的机器人、无人驾驶汽车等智能产品

由此可见，谷歌在人工智能领域占据霸主地位，而且包括软件、硬件、算法三个领域。为此，这也是成立于2015年的OpenAI公司诞生宗旨之一：确保AI不会消灭人类，并打破AI垄断，开展通用人工智能研究，开发如像人一样思考、像人一样能做多样事的通用机器智能（非专用人工智能）。

（三）兵棋推演的决策之智

战争是生死搏斗系统性的对抗，现代战争体系复杂、规模庞大、影响要素千变万化，仅仅依靠少量人力来完成战争的指挥控制，是极其困难的，所以，战争中为指挥员配备了庞大的参谋班子。另外，战争本身又具有消耗大、伤害性大等特点。因此，为了赢得战争，既要勤于训练、演练，也要积极借助信息技术、人工智能技术。如何通过这些技术模拟、仿真战争，帮助指挥员了解战场、熟悉敌人，掌握己方制胜之道，成为军事指挥领域的重要研究方向，而兵棋推演就是一种能达成这一目标的方法（图4–6）。

图4–6　兵棋推演示意图

兵棋推演一直以来都是研究战争和战场演练的重要手段。1811年，乔治·冯·莱斯维茨（Georg von Reisswitz）在前人研究成果基础上，发明了现代兵棋并迅速流行，逐渐演化出“严格式”和“自由式”两个分支。时至今日，对实战化训练、指挥官培训等任务而言，兵棋推演扮演着越来越重要的角色。现代兵棋推演包含的要素越来越繁杂，但基本要素没有太大改变，如参演人、战场模拟环境、参战部队、指挥机构等。目前，兵棋推演通行的做法是模拟战争中人的智能行为，但人们期望兵棋推演能像计算机博弈一样跳出人类“定式”或人类固有的认知，进而实现战争智能水平的跃升，而这正是兵棋推演所面临的“系统之抗”问题。兵棋依靠对历史资料的理解、经验知识的掌握，尝试着推测战争的未来发展走向。一款兵棋游戏通常包括地图、推演棋子、规则等，使用回合制模拟战争。此处地图一般基于真实的地图，包括公路、丘陵、沟壑、河流、丛林、海洋等各种地形场景；至于推演棋子则通常代表参战的战斗单位，如班、排、连、营、团等，还包括各个兵种及其武器配备等；而规则则是按照实战情况并结合概率设计出来的裁决方法，通常告诉决策者能干什么、不能干什么，以及行军、布阵、交战的限制条件和结果评判规则等。在我国，兵棋推演的历史可以溯源到4 500年前，最开始是使用石块、木棍等简易工具，在地上演示阵法变化、兵力布阵等，以此研究战争，尽可能以可视化的方式预测战场活动演变。后来，在现代技术加持下，逐渐演变成为作战参谋们模拟作战过程的仿真实验平台，通过这个仿真实验平台，可以快速了解、掌握战场情况，推测战争各种可能的结果，以此制定各种战争方案，辅助指挥官决策。显然，兵棋推演可以帮助指挥官和参谋们在模拟平台上开展军事演习、模拟战争，调整、优化部队构成、作战方案和作战部署，为实际战争提供多种作战方案、预案和呈现战争演化进程，提高作战效率和胜率。

在军事领域，兵棋推演有基于数据的在线推演、多级指挥机构联合推演、兵棋与管理系统融合推演和竞争与冲突分阶段推演4类方法。这些方法各有利弊，各自适合不同战争场景，它们通常包括规划、模拟和分析3个阶段。其中规划阶段是制订参赛双方的部队组成、地图、规则、目标等；模拟阶段是将规划好的部队放入虚拟的环境中进行模拟作战；分析阶段则通过对收集的参赛各方作战行为及其结果等数据进行评估和分析，得出对未来作战的建议和决策。

综上可知，由于兵棋推演使用了系列机器学习算法，机器学习的“数据之痛”“算力之困”也同样成为兵棋推演的困扰。此外，兵棋推演的模拟战场场景开放性更强、对抗强度更高，使得场景的数据具有更强的动态性、实时性，甚至为了更接近真实战争场景，数据还具有欺骗性、虚假性、不确定性，最后战场环境的易变性，使得采集数据呈现出残缺性，以及战争演练的破坏性与巨大消耗性特征，增加了使用计算机模拟、仿真、推演战争的紧迫性和必然性，对计算机博弈技术的发展提出了更高要求。此外，随着兵棋推演、计算机博弈技术的成熟，兵棋推演走出军事领域，向诸如应急救灾、期货交易、股票投资等其他领域扩展。可以预见，被誉为导演战争“魔术师”的兵棋推演将在各个领域大放异彩。

（四）计算机博弈的困惑

1. 专用AI向通用AI转换之困

如何让AI系统拥有博弈“智慧”，学会像人类那样思考，甚

至是超越各领域的顶尖高手，像AlphaGo一样，达到围棋顶级智能，并将这些专用人工智能，发展为通用人工智能，缩短用于模型改进、参数调整的时间，从而极大降低应用人工智能的成本，是计算机博弈领域面临的巨大挑战。此外，将AlphaGo这类专用AI拓展应用到商业竞争、军事冲突、压迫式外交、股票投资、抗震救灾、应急抢险等存在多个利益攸关的诉求方，诉求方的短期利益或者长期利益常常存在矛盾、冲突，也就是说存在着强烈的博弈、对抗特征的领域，也是计算机博弈面临的挑战。

实际上，到目前为止，计算机博弈的技术路线主要存在两个派别：①以"深蓝"为代表的，以知识模型为基础的"算力派"。它首先构建各类模型、知识库、结构化的下棋决策状态空间，然后在状态空间中构建博弈树并进行搜索、推理，依赖强大算力支持，实现蛮力搜索，发现下棋"解"。因此，"算力派"核心在于算力要足够强大，定义良好的国际象棋问题结构化模型。②以AlphaGo为代表的，以"神经网络模型"为基础的"学习派"，或者说是"数据派"。它首先构建围棋问题的神经元模型，然后采集、标注数据并训练模型，期间不断试错、试做来筛选出合适的神经网络，再大规模训练并优选出模型的适配参数。因此，"数据派"既需要强大算力支撑，也需要围棋问题良好的结构化定义与机器学习系列算法，如生成对抗网络。

2014年诞生的"生成对抗网络"模型，是博弈领域极具革命思想的模型，该模型由伊恩·古德费洛（Ian Goodfellow）等人提出，其本质上是一种深度学习模型，它通过让两个神经网络相互博弈的方式进行学习，是无监督学习领域最有前景的方法之一，GAN也是“数据派”的核心支撑算法。自此“对抗”概念就开始贯穿于机器学习领域，“卷积网络之父”杨立昆（Yann LeCun）曾评价“GAN是20年来机器学习领域最酷的想法”。2016年3月，谷歌应用深度学习算法对AlphaGo Fan版本进行改造，形成AlphaGo Lee版本。AlphaGo Lee版本通过几个不同算法合作，由策略网络负责选择下一步的落子位置，由价值网络负责预测落子的胜率，由蒙特卡洛树搜索算法负责自博弈训练，这3个网络共同支撑AI下棋能力的跃升。此后，就陆续面世大量如表4-2所示的GAN改进模型。

表4-2　GAN主要的改进模型

方法名	特征描述
条件生成对抗网络（CGAN）	是一种扩展原始生成对抗网络，生成器和判别器都增加额外信息y为条件，y可以是任意信息，如类别信息或者其他模态的数据等
深度卷积生成对抗网络（DCGAN）	是卷积神经网络与GAN的一种结合，即将卷积神经网络引入生成式模型当中，做无监督的训练，利用卷积神经网络强大的特征提取能力，提高生成网络的学习效果。常常会改变卷积神经网络的结构，以提高样本质量和加快收敛速度
Wasserstein生成对抗网络（WGAN）	从损失函数的角度改进GAN，使其在损失函数基础上改进，在全链接层上得到很好结果。其与GAN相比，优势在于：能够指示GAN训练过程，解决了生成样本多样性问题，而且不需要重新设计网络结构
最小二乘生成对抗网络（LSGAN）	是一种将GAN目标函数换成最小二乘损失函数的生成对抗网络
边界平衡生成对抗网络（BEGAN）	是一种将自编码器作为分类器，基于Wasserstein距离损失来匹配自编码器损失分布，并采用神经网络结构，在训练中添加额外均衡过程来平衡生成器与分类器的生成对抗网络

2. 开放式场景的决策智能之困

回顾近几年计算机博弈领域取得的里程碑成果，从谷歌AlphaGo的Lee版本到Zero版本、从AlphaZero到AlphaStar，以及从卡内基梅隆大学联合Facebook等公司开发的德州扑克AI程序Libratus版本到Pluribus版本，从电竞游戏刀塔（Dota2）的OpenAI Five到微软麻将Suphx，深度学习算法一直都是它们的核心算法，除刀塔的复杂度更高、场景开放性更大外，其他游戏的博弈场景是相对封闭的。特别是在AlphaGo取得巨大成功之后，近年来举行的许多大赛、人机对抗赛的成果，总体来看，多数还是模仿AlphaGo、AlphaStar解决问题的思路。这些战胜人类的AI的侧重点不同，决策方式上也存在一些差异，大致可以分为4类问题：第1类问题比拼的是操作决策的速度，比如游戏对抗中比手上动作的“速度”，遵循“天下武功、唯快不破”的思路；第2类问题比拼的是简单判断和选择速度，比如人脸识别中更快的“判断速度”，崇尚以空间换时间的方法；第3类问题比拼的是运筹速度，比如AlphaGo中随机下棋试错的“计算速度”，崇尚以时间换空间的方法；第4类问题比拼的是基于简单规则的自主决策能力，比如微软麻将的“和牌计算”，遵循时间与空间融合的方法。尽管这些游戏决策基本能够由AI自主完成决策，但决策智能应用于开放性博弈场景还有很长的路要走。比如，在电竞游戏刀塔、星际争霸Ⅱ和真实的战场环境指挥决策中，基本上很难见真正的“决策智能”，其重要原因是目前计算机博弈技术是以“即时反馈”目标不变、场景相对封闭、对抗的要素也相对固定不变作为前置条件。所以说，即使下棋能力强如AlphaGo，但在决策智能这个点上，哪怕利用了各种改进的机器学习算法，其决策智能水平也远远没有达到能代替人类认知智能的程度，而且机器学习面临的“数据之痛”“算力之困”也同样成为计算机博弈发展的阻碍。

那么，在开放式复杂博弈场景中，决策智能为何难以生成呢？原因有4个：①有监督的深度学习样本少，且难以表达和训练；②强化学习的奖惩函数在指挥层面难以构造；③各种决策准则在多目标优化决策中难以协调，常常面临的是多个目标存在相互制约、相互矛盾的情况；④需要“人”的介入，但是何时介入、如何介入等问题又需要协调，也就是需要解决人机协同问题。

因此，在开放式复杂场景中，由于可变量多、实时性强，因此需要构建多个AI、形成AI集群，以构建群体智能。同时，智能的产生从来都不是一蹴而就的，而是螺旋渐进达成的。仔细分析人类的战场指挥决策过程，不难发现其决策流程可以分解为如图4-7所示的OODA环，即“观察（observe）、判断（orient）、决策（decide）、行动（act）”4个环节，每次对抗就相当于一次决策过程和OODA环中的一次循环，从宏观来看，这些环又存在着层次高低之分，整体上又呈现出螺旋式发展过程，这实际上就反映了决策是一个高度依赖场景变化，不断迭代产生新方案或新判断并优化的抉择过程。因此，场景的变化程度直接影响决策智能的产生，这就是开放式场景难以生成决策智能的内在原因，这一点也成为计算机博弈向开放式场景扩展的最大障碍与困扰。

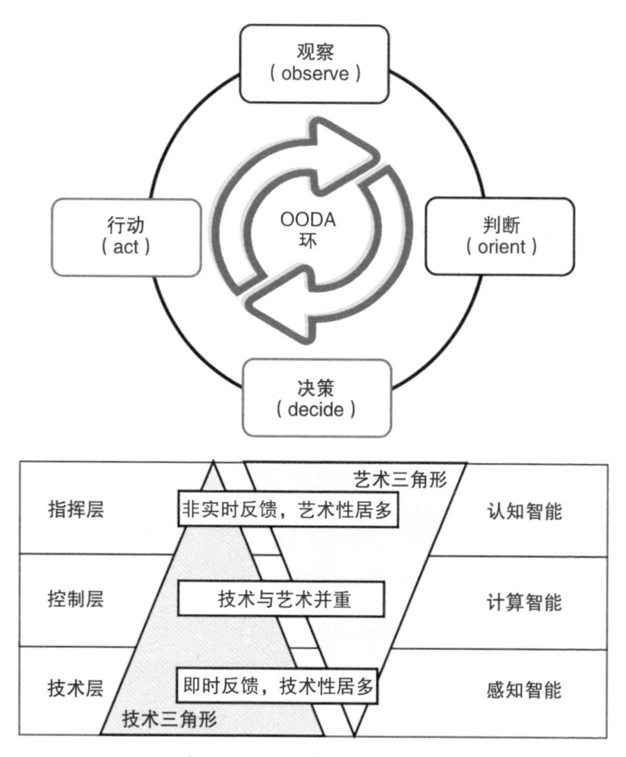

图4-7　OODA环的构成与智能的分类分层示意图

3. 智能涌现机制是博弈智能的“困扰”

人们常说的智能更多的是认知智能，认知智能是“技术”与“艺术”的结合体，常常在众多选择、多层综合中涌现，是“优化”“全局”“调度”的某种交叉组合形式，既有群体智能成分，也有个体智能的涌现、凸显。因此，在未来计算机博弈AI中，将会存在多个大小不一、相互嵌套、相互对抗的OODA环，在跟踪每个实体、行动和效果并完成调度与选择后，可再分层、分段、分目标再进行调度运行，最终促成某种总体效果的涌现，即决策智能的产生。根据哥德尔不完全性定理，即使有更多的神经元网络参数，智能也只能在上一层级中得到涌现，而在复杂大系统中，就需要依靠多种适应、相关、因果和协同过程的非线性交互与综合，才能涌现出复杂的决策智能，其中涌现机制就成为计算机博弈的难题。

决策是分层的，不同层级的智能存在较大差异。比如班、连有自己的基层决策需求，军、旅有自己的中层决策过程，军事集团也存在高层决策需求。而且，无论哪个决策层级，本质上就是各种“选择”“组合”“调度”，这犹如一座建筑物的建造过程，作为基础层，无论怎么变化都离不开桩基内容，显然基础打得牢，上层才能产生各种组合、变化的底气。因此，上层的认知智能、中层的计算智能，都需要底层感知智能支撑。观察和判断构成计算智能、认知智能的基础，犹如作战场景中，它们支撑了指挥控制对场景态势的理解。至于决策和行动则构成感知智能、计算智能的基础，犹如战场场景中，它们支撑了指挥控制的决策行为及其执行。通过进一步观察、分析，发现态势理解至少包括“态”和“势”两个方面内容：①通过感知数据获得场景状态的结构化描述，这是客观存在的“态”；②指挥员对场景形势、趋势的认知、理解形成认知判断、决策，这是主观形成的“势”。“态”和“势”分属于不同类型的智能，不能混淆，其中“态”更多的是算法、计算，计算智能成分更多，“势”则是高级智能，认知智能成分居多，而且这个高级智能不是凭空而来，它聚集了已有的科学方法、算法等先进技术，以现有、成熟的，甚至是新创造的方法作为决策智能的基础，因此，如何产生“势”是个难题，其本质上是认知智能的产生比较困难，这也成为计算机博弈发展的困扰。

（五）计算机博弈的发展趋势

1. “从零开始”的“起点”

人工智能技术的发展，使得计算机博弈算法降低了对博弈历史数据的依赖，而且通过强化学习算法等能够实现“AI训练AI”，实现了从“零”开始的学习。当然，这里的“零”是相对概念，总要为算法的开始建立一个起点，而这个起点实际上离不开人类前期积累的知识和建立的认知。比如，目前广为流行的现象级AI产品ChatGPT能够轻松完成写邮件等组词组句成文工作，感觉好像非常有智能，但是实际情况并非如此。回想一下人类在处理各类事务时，都会应用所积累的许多规程、方式、方法等，这些都属于人类知识范畴，其中有一个“六何分析法”（即5W1H法），就比较适合用于教会计算机“写邮件”（由于ChatGPT没有公开技术细节，在此所列方法并不代表OpenAI所使用的方法，但以5W1H法为例，至少为读者提供了一个底线思维视角，方便读者理解大模型中一些智能行为的构造过程）：大意是对事务性处理过程，可以从何故（Why）、何事（What）、何地（Where）、何时（When）、何人（Who）、何法（How）6个维度思考并回答相应问题，即可较圆满地完成任务。按照这个方法，让AI逐个回答“6个何”，这类似于回答填空题，一封邮件也就快速生成了。显然5W1H法就是AI写邮件的“起点”，也可以说AI并非从“零”开始，还是使用了人类知识。因此，此处的核心问题就转变为如何发现或确定AI的“起点”，这其实也是目前计算机博弈发展面临的一个难题。

2. 如何构建博弈场景的“对手模型”

从“深蓝”（国际象棋）、谷歌AlphaGo（围棋），再到卡内基梅隆大学Libratus（德州扑克）、谷歌AlphaStar（星际争霸Ⅱ）、微软Suphx（麻将）等，博弈论与计算机和人工智能技术的发展交叉、融合，取得多个里程碑式的成绩，但是面对“超复杂、强对抗、高动态与多威胁”的巨型复杂应用场景的新型计算机博弈环境，比如军事博弈、基于元宇宙的多方博弈、多方德州扑克等实际场景，就缺乏足够的理论支撑，亟待开展“环境认知”“策略求解”“对手建模”“群体智能”等相关研究。但是，之前的计算机博弈研究更多的是侧重AI本身，忽略了对环境变化、对手变化的研究。事实上，环境、对手（含人或机器）和AI都应该是计算机博弈的主要研究对象，三者之间存在着比较强烈的对抗、交互、协同关系，三者之间也存在着其他多重关系（图4-8），

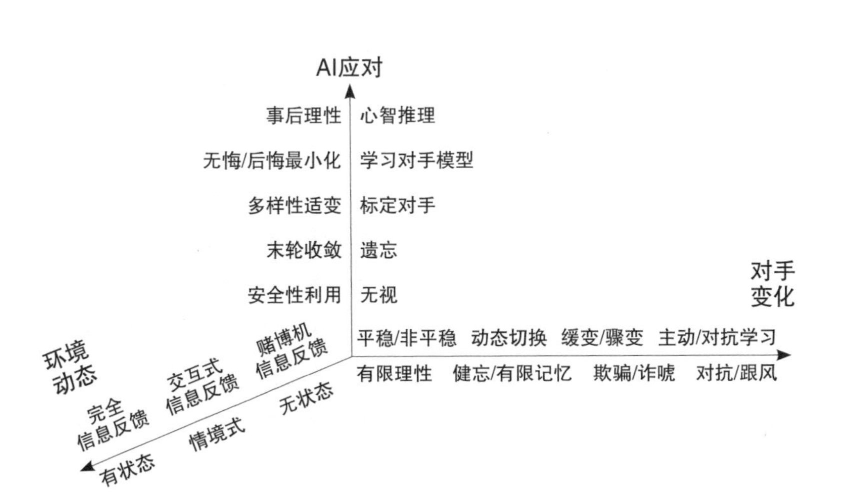

图4-8 环境-对手-AI的多种关系

而且智能是在竞争中协同、协同中竞争生成的，这既是人的智能生长过程，也应该是计算机博弈的智能生长重要途径。因此，未来计算机博弈需要进一步加强对环境、对手的建模研究工作。

3. 如何构建开放性博弈场景的“决策智能”

强化学习在未来相当长一段时间内仍将是诸如棋牌序贯决策类游戏的序贯决策问题和诸如星际争霸Ⅱ、王者荣耀实时策略类游戏的即时响应决策问题的主流解决方法。而且，特别对于应用场景开放性的复杂问题，比如战争、压迫外交、团队博弈等将会是重点研究对象。目前，应对开放式应用场景的多数做法是通过假设、约束条件将其转化为有条件的限定性封闭式应用场景问题，然后利用上述封闭场景的人工智能技术予以解决。那么，如何将开放问题转化为封闭或者半封闭问题，将非完美信息博弈问题转化为完美信息博弈问题，这也将是今后计算机博弈需重点研究、解决的难题。

在人工智能近70年发展历程中，经历了以定理证明与逻辑语言兴起为标志的“推理期”，以知识系统与专家系统为标志的“知识期”和以神经网络再流行、机器学习与深度学习兴起为标志的“学习期”的两个寒冬、三次复兴历程，迈过最初“图灵测试”，踏上“专用人工智能”门槛，迎接“通用人工智能”挑战。相对应的计算机博弈研究也经历了“知识与搜索”“博弈与学习”“模型与适变”三大研究范式，取得了丰硕研究成果，以谷歌Alpha系列的Zero产品、AlphaDev为代表，揭开了通用人工智能的冰山一角。2020年，美国国防部高级研究计划局（defense advanced research projects agency，DARPA）启动了“打破游戏规则”的人工智能探索项目，旨在开发战争模拟的人工智能程序，以用于作战人员实战训练、战争演练。因此，未来计算机博弈的研究必将选择场景更复杂、动态性更强的应用对象，以自主利用海量增长的学习数据，探索复杂系统建模与决策推理相结合的理论与方法，以辅助人类快速认识、理解，甚至是预测复杂环境中的重要事件发展规律等。

4. 如何结合感性与理性内容以支撑“决策智能”

前文提到的决策智能，之所以难实现是因为其中存在感性因素。事实上，在决策过程中包含了两个方面内容：①理性内容，即指挥决策的规范化科学方法，通常以指挥机制、作战流程、条令、条例等理性内容予以体现，这些内容在计算机中再现相对容易。为此，有的专家学者认为这类依据流程、条例、条令产生的内容的计算不能算作智能，但可以看作为智能的结果。②感性内容，即以指挥决策的创造性内容予以体现，属于艺术创造，它包括决策中的灵感与创造、指挥人员的个性与经验等。因此，人类的智能产生过程通常集中在感性阶段，更少存在于理性阶段，这也是决策智能难以模拟、仿真的重要原因，因为其中存在着艺术成分，其产生过程与人的直觉、知识、经验，甚至是性格密切相关。决策智能需要理性与感性相结合，这就引出智能决策的研究面临的系列难题，比如：态势能否被理解？不理解时可否决策？如何利用先验知识？决策智能如何实现？决策智能能否被信任？AI的“智能水平”如何评价和测试？对手是否具有同质性？显然，这些难题都是困扰决策智能的博弈之恼，也是未来计算机博弈亟待解决的难题。

总而言之，AI在处理复杂问题时具有独特的优势与潜力，在科幻电影《终结者》中，人工智能系统天网的智商就远超人类，特别是逻辑与思维能力极其缜密，最终却做出了与人类利益相悖的摧毁世界的决定。这个情景目前还停留在影视作品对超级AI的想象中，是否真会如此？这是广大计算机博弈工作者今后需要特别关注的问题。而且也可以预见有温度、有情感的“数字人”将会与人类玩家进行友情对弈，突破冰冷机器人形象，这就是人工意识、人工情感等新的人工智能研究领域。因此，计算机博弈未来何去何从，必将受到计算机等相关学科发展和人工智能相关领域发展的巨大影响。可以预见的是通用型人工智能工具必将产生，一些更伟大的人工智能产品将面世并终将造福于人类社会，而计算机博弈也将一如既往地充当人工智能发展的催化剂。

参考文献

［1］徐心和，邓志立，王骄，等．机器博弈研究面临的各种挑战［J］．智能系统学报，2008（4）：288-293．

［2］黄凯奇，兴军亮，张俊格，等．人机对抗智能技术［J］．中国科学：信息科学，2020，50（4）：540-550．

［3］许峰雄．“深蓝”揭秘：追寻人工智能圣杯之旅［M］．上海：上海科技教育出版社，2005．

［4］SILVER D，HUANG A J，MADDISON C J，et al．Mastering the game of Go with deep neural networks and tree search［J］．Nature，2016，529（7587）：484-489．

［5］SILVER D，SCHRITTWIESER J，SIMONYAN K，et al．Mastering the game of Go without human knowledge［J］．Nature，2017，550（7676）：354-359．

［6］LI J J，KOYAMADA S，YE Q W，et al．Suphx：Mastering Mahjong with Deep Reinforcement Learning［DB/OL］．（2020-04-01）［2023-07-25］．https://arxiv.org/abs/2003.13590．

［7］张小川，刘溜，陈龙，等．一种非遗藏族久棋项目计算机博弈智能体的评估方法［J］．重庆理工大学学报（自然科学），2021，35（12）：119-126．

［8］陶九阳，吴琳，胡晓峰．AlphaGo技术原理分析及人工智能军事应用展望［J］．指挥与控制学报，2016，2（2）：114-120．

［9］中国人工智能学会．中国人工智能系列皮书——机器博弈［EB/OL］．（2017-05-××）［2023-07-05］．https://caai.cn/index.php?s=/home/article/detail/id/394.html．

［10］刘溜，张小川，彭丽蓉，等．一种结合策略价值网络的五子棋自博弈方法研究［J］．重庆理工大学学报（自然科学），2022，36（12）：129-135+120．

［11］张小川．汽车如何具有智能［M］．北京：电子工业出版社，2022．

［12］李德毅，何雯．智能的困扰和释放［EB/OL］．（2023-06-28）

［2023-07-25］. https://aidc.shisu.edu.cn/a0/09/c13626a172041/page.htm.
［13］李德毅. 人工智能基础问题：机器能思维吗？［J］. 智能系统学报，2022，17（4）：856-858.
［14］唐振韬，邵坤，赵冬斌，等. 深度强化学习进展：从AlphaGo到AlphaGo Zero［J］. 控制理论与应用，2017，34（12）：1529-1546.
［15］SILVER D，HUBERT T，SCHRITTWIESER J，et al. A general reinforcement learning algorithm that masters chess，shogi，and Go through self-play［J］. Science，2018，362（6419）：1140-1144.